Bertold Sprenger   Umweltmikrobiologische Praxis

AF004327

Springer

*Berlin
Heidelberg
New York
Barcelona
Budapest
Hongkong
London
Mailand
Paris
Santa Clara
Singapur
Tokio*

Bertold Sprenger

Umwelt-mikrobiologische Praxis

Mikrobiologische und biotechnische Methoden und Versuche

Mit 42 Abbildungen

Springer

Professor Dr. BERTOLD SPRENGER
Universität Rostock
Institut für Verfahrens- und Umwelttechnik
FB Maschinenbau und Schiffstechnik
Justus-von-Liebig-Weg 6
18059 Rostock

ISBN-13: 978-3-540-60978-0   e-ISBN-13: 978-3-642-80162-4
DOI: 10.1007/978-3-642-80162-4

Die Deutsche Bibliothek - CIP-Einheitsaufnahme

Sprenger, Bertold:
Umweltmikrobiologische Praxis : mikrobiologische und
biotechnische Methoden und Versuche / Bertold Sprenger. -
Berlin ; Heidelberg ; New York ; Barcelona ; Budapest ;
Hongkong ; London ; Mailand ; Paris ; Santa Clara ; Singapur ;
Tokio : Springer, 1996

Dieses Werk ist urheberrechtlich geschützt. Die dadurch begründeten Rechte, insbesondere die der Übersetzung, des Nachdrucks, des Vortrags, der Entnahme von Abbildungen und Tabellen, der Funksendung, der Mikroverfilmung oder der Vervielfältigung auf anderen Wegen und der Speicherung in Datenverarbeitungsanlagen, bleiben, auch bei nur auszugsweiser Verwertung, vorbehalten. Eine Vervielfältigung dieses Werkes oder von Teilen dieses Werkes ist auch im Einzelfall nur in den Grenzen der gesetzlichen Bestimmungen des Urheberrechtsgesetzes der Bundesrepublik Deutschland vom 9. September 1965 in der jeweils geltenden Fassung zulässig. Sie ist grundsätzlich vergütungspflichtig. Zuwiderhandlungen unterliegen den Strafbestimmungen des Urheberrechtsgesetzes.

© Springer-Verlag Berlin Heidelberg 1996

Die Wiedergabe von Gebrauchsnamen, Handelsnamen, Warenbezeichnungen usw. in diesem Werk berechtigt auch ohne besondere Kennzeichnung nicht zu der Annahme, daß solche Namen im Sinne der Warenzeichen- und Markenschutz-Gesetzgebung als frei zu betrachten wären und daher von jedermann benutzt werden dürften.

Produkthaftung: Für die Angaben über Dosierungsanweisungen und Applikationsformen kann vom Verlag keine Gewähr übernommen werden. Derartige Angaben müssen vom jeweiligen Anwender im Einzelfall anhand anderer Literaturstellen auf Ihre Richtigkeit überprüft werden.

Einbandgestaltung: Design & Production, Heidelberg
Satz: Reproreife Vorlagen der Herausgeber
SPIN 10529878   31/3137 5 4 3 2 1 0 - Gedruckt auf säurefreiem Papier

Für Marion und Philipp

Einleitung

In den hochindustrialisierten Ländern der Welt wird eine der vordringlichsten Aufgaben der Zukunft sein, unsere Umwelt vor weiterer Zerstörung zu schützen und bisherige Schäden zu beseitigen. Nur so kann es gelingen, auf lange Sicht für eine breite Bevölkerungsschicht einen hohen Lebensstandard zu gewährleisten.
Umweltfreundliche Produktionsprozesse, energiesparende und schadstoffarme Herstellungs- und Transportsysteme und der Schutz der Natur sind Voraussetzungen zur Sicherung unserer Lebensqualität. Hierzu liegt noch immer ein enormer Entwicklungsbedarf vor, obwohl Wissenschaft und Politik die Bedeutung kennen und benennen.
Neben den mittel- und langfristig zu entwickelnden umweltfreundlichen Produktions- und Transportkonzepten gibt es eine große Palette kurzfristig zu lösender und lösbarer Umweltprobleme. Die Sicherung unseres Trinkwassers durch Schutz von Oberflächengewässern, Behandlung von Abwässern und Sanierung kontaminierter Böden zählt dazu. Die Abwehr von Gefahren und gesundheitlichen Risiken durch verunreinigtes Wasser, kontaminierte Böden, giftige Abfälle und Schadstoffe enthaltende Abgase ist ebenfalls als kurzfristige Zielsetzung zu formulieren.
Gerade in diesen Problemfeldern werden mikrobiologische Prozesse bereits erfolgreich eingesetzt und die Anwendungsbereiche ständig erweitert.
Vor allem die biologische Behandlung von kommunalen Abwässern in belüfteten Belebtschlamm-Anlagen ist zum Stand der Technik geworden. Neben der vorrangigen Verringerung der umweltbelastenden Abwasserinhaltsstoffe, gemessen als chemisch oxidierbare Substanzen, lassen sich auch Stickstoff-Verbindungen allein mit mikrobiellen Prozessen (Nitrifikation/Denitrifikation) durch geeignete Betriebsführung der biologischen Abwasser-Behandlungsanlagen entfernen. Selbst eine relevante Reduktion der Phosphate mittels mikrobieller Prozesse wird derzeit bereits realisiert.
Durch die Entwicklung moderner biotechnologischer Abwasserbehandlungskonzepte wie Turm- und Hochbiologie ist es auch möglich geworden, industrielle Abwässer, die bei der Herstellung chemischer und pharmazeutischer Produkte und im Bereich der Lebensmittelverarbeitung entstehen, mit aeroben Verfahren effektiv und wirtschaftlich zu reinigen.

Selbst der Einsatz anaerober Techniken, der lange als technisch und wirtschaftlich unrealistisch bewertet wurde, hat Einzug in die Behandlung hochbelasteter Industrieabwässer gefunden.

Mit dem Problem der Altlasten, also durch ehemalige industrielle Nutzung mit Schadstoffen kontaminierter Böden, hat sich im letzten Jahrzehnt ein Aufgabengebiet herausgebildet, bei dem neben thermischen und chemisch-physikalischen auch biologische Verfahren zur Anwendung kommen. Die Sanierung mit Mineralölen verunreinigter Böden durch mikrobiellen Schadstoffabbau gelten als Stand der Technik. Bei gut wasserdurchlässigen Böden und günstigen hydrogeologischen Randbedingungen kann der Boden in seiner Ursprungslage "in situ" behandelt werden. Bei vorwiegend sandigen Böden werden Beet- und Mietentechniken, die direkt auf dem Altlastgelände selbst (on site) oder außerhalb auf einem geeigneten Gelände oder in einem Bodenbehandlungszentrum (off site) erfolgreich angewendet. Durch bodenstrukturverbessernde Zusätze oder mechanische Vermischung mittels geeigneter Geräte lassen sich auch feinkörnige Böden in Mietentechniken biologisch reinigen.

Für Böden, die mit biologisch schwer abbaubaren Stoffen wie beispielsweise polycyclische aromatische Kohlenwasserstoffe (PAK; Teerinhaltsstoffe) oder chlorierte Kohlenwasserstoffe (CKW; Lösemittel, Kühlmittel) verseucht sind, werden derzeit Behandlungsverfahren entwickelt bzw. die biologischen und technischen Grundlagen erforscht. Die Sanierung feinstkörniger Böden und Schlämme stellt besondere Anforderungen an die Technik, so daß hierzu neuartige Bioreaktorverfahren konzipiert, getestet und optimiert werden.

Für die Reinigung mit biologisch abbaubaren Schadstoffen belasteter Abgase haben sich in den letzten Jahren ebenfalls biotechnische Verfahren etabliert. Neben Naß- oder Waschverfahren, bei denen die Schadstoffe zunächst in einer Waschflüssigkeit gelöst werden und anschließend in der Flüssigphase einem Abbau unterliegen, finden Biofilter-Anlagen Anwendung, bei denen Mikroorganismen auf dem feuchten Filterfeststoff immobilisiert sind und die organischen Stoffe des durchströmenden Abgases abbauen. Mit solchen Verfahren lassen sich leichtflüchtige Lösemittel und Geruchsstoffe nahezu vollständig aus den Abgasen von Lackfabriken oder Tierkörper-Verwertungsbetrieben entfernen.

Auch die Behandlung von Feststoffabfällen kann auf biologischem Wege erfolgen. Organische Abfälle unterliegen einem selbständigen mikrobiellen Zerfallsprozeß, der im kleinen Maßstab in jedem Komposthaufen gerichtet verläuft und mit Schnellkompost-Anlagen großtechnisch realisiert wird. Auch die anaerobe Verwertung solcher Abfälle zur energetischen Nutzung des dabei entstehenden Methans läßt sich technisch realisieren.

Die bisher bekannten Ergebnisse über Verfahren zur mikrobiellen Behandlung ölhaltiger Schlämme, Filterfeststoffe oder mit auslaugbaren Schwermetallen belasteter Stäube, die sich allerdings derzeit noch im Labor-Stadium befinden, lassen vermuten, daß sich mit der mikrobiologischen Behandlung von Feststoffabfällen ein neues Entwicklungs- und Anwendungsgebiet der Umweltbiotechnologie vorstellt.

Sowohl Abbau als auch Aufbau chemischer Verbindungen werden von Pflanzen, Tieren und Mikroorganismen bei moderaten Temperaturen und Umgebungsdruck bewerkstelligt. Die somit energie- und emissionsarmen Prozesse der stofflichen Veränderung durch biologische Systeme bieten oft einen ökologischen Vorteil gegenüber thermischen und chemischen Verfahren. Es ist demnach als sinnvoll anzusehen, intensiv die Möglichkeiten der biologischen Erzeugung von Rohstoffen und Fertigprodukten zu prüfen und zu forcieren.

Zur Entwicklung, Anwendung und Bewertung umweltmikrobiologischer Verfahren bedarf es der gerichteten Zusammenarbeit von Biologen, Chemikern, Ingenieuren, (Hydro)Geologen, Bodenkundlern und Toxikologen. Zu deren Vermarktung ist das Engagement von Kaufleuten und Managern notwendig.

Das Erlernen biologischer Fakten durch Studium der Literatur und Teilnahme an Vorlesungen und Seminaren oder die "Erfahrung aus zweiter Hand" durch Vorträge bei Fachtagungen reichen nicht aus, Verständnis für die Probleme der Umweltmikrobiologie aufzubringen. Allein der Umgang mit "lebenden Systemen", die eigene Erfahrung mit der Variabilität mikrobiologischer Prozesse bei nicht vollständig erfaßbaren Einflüssen von außen und innen, sowie das mühsame Erstellen und Absichern von Meßwerten bei den meist langsamen Prozessen (verglichen mit chemischen Prozeß-Kinetiken) und oft unzureichenden Methoden sind geeignet, die Grenzen, aber auch die Möglichkeiten der Umweltmikrobiologie kennenzulernen und in geeigneter Weise bewerten zu können.

Das Anliegen dieses Buch ist es, hier einen Beitrag zu leisten. Dazu sind die wichtigsten Arbeitsgeräte, Methoden und Laborverfahren, die in der angewandten Umweltmikrobiologie und Umweltbiotechnologie von besonderer Bedeutung sind, zusammengestellt. Dabei wird nicht der Anspruch auf Vollständigkeit gelegt, sondern die praktische Durchführbarkeit als wichtigstes Auswahlkriterium herangezogen. Die Anregung zum praktischen Arbeiten mit Mikroorganismen ist oberste Zielsetzung.

Für Anregungen, Korrekturen und Mithilfe bei der Erstellung dieses Buches bedanke ich mich bei Bärbel Wegner, Uta Strohbach und Harald Mertin von der Universität Rostock, bei Britta Eigenbroth und Helmut Becker von der HP-Biotechnologie GmbH, Witten, und bei Ursula Gramm vom Springer-Verlag, Heidelberg.

Zur Benutzung dieses Buches

Praktische Erfahrungen mit Mikroorganismen kann nur der erwerben, der geeignete Methoden im Zusammenhang mit zielorientierten Versuchen anwendet. Das Arbeiten mit Mikroorganismen bringt für den Ungeübten einige Schwierigkeiten und mitunter auch Gefahren mit sich. Daher ist es zwingend, daß der noch Ungeübte von einer Person, die auf dem Gebiet der Mikrobiologie ausreichende Erfahrungen mitbringt, in geeigneter Weise über Gefahrenspotentiale und methodische wie apparatetechnische Problemstellungen informiert wird. Neben der Information bedarf es zusätzlich der Kontrolle und, falls erforderlich, der Informationswiederholung oder der Ermahnung. Den mikrobiologisch Ausgebildeten, die im folgenden, ohne Differenzierung ihrer Ausbildung oder Position, als "Laborleiter" bezeichnet werden, soll das Buch als Information über industriell interessante Labormethoden und Laborverfahren der Umweltmikrobiologie sowie der hierzu notwendigen Sicherheitsbedingungen dienen. Darüber hinaus sollen aber auch Anregungen zur umweltorientierten Ausbildung in der Mikrobiologie gegeben und eine methodische Basis zu wissenschaftlichen Arbeiten geschaffen werden. Es bleibt den Laborleitern dabei überlassen, die Möglichkeiten des eigenen Labors als begrenzenden Faktor zu bewerten und damit eine sicherheitsorientierte Einschränkung der Versuche zu veranlassen oder, bei einer geeigneten Ausrüstung, auch im Bereich der chemischen Analytik, die Versuche sinnvoll zu erweitern.
Diejenigen, die den Umgang mit Mikroorganismen erlernen sollen, und im weiteren, ebenfalls ohne Einbeziehung ihrer Ausbildung und Position, als Praktikanten bezeichnet werden, will das Buch auf vielfältge Weise hilfreich sein:
Es wird im Teil A ein Überblick über alle wichtigen Geräte im Mikrobiologielabor gegeben, wobei Sicherheitsaspekte besondere Berücksichtigung finden.
Im Teil B sind eine Reihe wichtiger Methoden der allgemeinen Mikrobiologie, die auch im Bereich der Umweltmikrobiologie genutzt werden, zusammengestellt. Diese Methoden sind zunächst zu erlernen, um sie später in den Versuchen sicher anwenden zu können. Zur sicheren und zügigen Bewältigung

dieser Aufgaben ist an alle Praktikanten mit mikrobiologischen Vorkenntnissen die Bitte der aktiven Mithilfe zu richten.

Die im Teil C folgenden Versuchsanordnungen sind in der Regel so aufgebaut, daß zunächst einfache Systeme zu handhaben sind, wie sie in der klassischen Mikrobiologie bearbeitet werden. Über "noch durchschaubare" Mischsysteme, deren Handhabung schon recht schwierig ist, wird das Arbeiten mit weitgehend undefinierten Systemen, wie es in der Praxis üblich ist, vorbereitet.

Im Teil D sind Anregungen zu weiteren Versuchen aus dem Gebiet der Umweltmikrobiologie und Umweltbiotechnologie zusammengetragen.

Die Versuche im Teil C wurden überwiegend nach zwei Kriterien ausgewählt:
Die Erfahrungen des Autors lassen sich als subjektives Beschränkungselement, die Anwendung einfachster chemisch analytischer Methoden als objektive Notwendigkeit beschreiben. Nur bei geringer Apparateausrüstung über ein "normales" Mikrobiologielabor hinaus ist eine echte Chance gegeben, die umweltrelevanten Versuche auch durchführen zu können. Zudem ist die Anwendung moderner chemischer Analysenmethoden derart aufwendig, daß aus dem hier angestrebten Mikrobiologie-Praktikum ein vorrangig chemisch-analytisches Praktikum werden müßte.

Alle Versuche sind nach dem gleichen Muster aufgebaut. Nach einer Einführung in die Theorie, die vom Laborleiter ergänzt und aktualisiert werden sollte, wird eine Zielsetzung formuliert. Aufgabe des Praktikanten nach der Versuchsdurchführung und Datenerstellung ist es, eine an der Zielsetzung orientierte Darstellung der Ergebnisse anzufertigen und einer kritischen Diskussion zu unterziehen. Auch hier ist die Hilfe des Laborleiters erforderlich, der über die Anregungen des Buches in Form von Auswertevorschlägen und Fragen hinaus die aktuellen Phänomene und Ergebnisse erklären und bewerten muß.

Die "Vorgabe" des Buches ist wiederum als Angebot mit Einschränkungs- und Erweiterungsmöglichkeiten anzusehen.

Der zeitliche Rahmen einer Praktikums- oder Schulungsveranstaltung wird es nicht zulassen, alle Versuche durchzuführen. Auch hier ist es in erster Linie Aufgabe des Laborleiters, die Versuche auszuwählen und in einen sinnvollen Zusammenhang zu bringen. Für alle Versuche sind die Grundoperationen, also die häufig benutzten Methoden, Voraussetzung. Praxis und Theorie dieser Grundoperationen müssen Inhalt eines Umweltmikrobiologie-Praktikums sein. Es kann auch als separates Praktikum "Methoden der Mikrobiologie" für Nichtbiologen angeboten werden und einem aus den beschriebenen Versuchen zusammengestellten Umweltmikrobiologie-Praktikum vorangestellt sein.

Alle Versuche lassen sich mit unterschiedlichen Methoden erweitern. Vor allem die Nutzung verschiedener chemisch-analytischer Verfahren kann zur Lösung spezifischer Fragestellungen beitragen.

Auf die umweltrelevanten Methoden der Toxizitätsbestimmung, die biologische Agenzien als Testsysteme beinhalten, seien es Pflanzen, Mikroorganismen oder Enzyme, wird hier nur im Teil D kurz eingegangen. Vorrangiges Ziel bleibt der

Umgang mit Mikroorganismen im Zusammenhang mit umweltbezogenen Prozessen und Verfahren.
Der Autor fordert hiermit alle auf, Praktikanten und Laborleiter, Ergänzungs- und Verbesserungsvorschläge zu machen, die einer Anpassung an die praktischen Aufgaben der Umweltmikrobiologie und Umweltbiotechnologie dienen können.

Inhaltsverzeichnis

A	**Einrichtungen und Geräte im Mikrobiologielabor**	**1**
1	**Sicherheit im Labor**	**3**
1.1	Sicherheitseinrichtungen	4
1.1.1	Chemikalienschrank..	4
1.1.2	Abzug..	5
1.1.3	Reinraum-Werkbank...	4
1.1.4	Entsorgungsbehälter...	9
1.1.5	Allgemeine Sicherheitseinrichtungen	9
1.1.6	Persönliche Schutzausrüstung	10
1.2	Sicheres Verhalten im Labor.....................................	10
2	**Mikrobiologische Arbeitsgeräte**	**13**
2.1	Optische Geräte	13
2.1.1	Mikroskop..	13
2.1.2	Fotometer	16
2.2	Mechanische Geräte...	18
2.2.1	Schüttelmaschine	18
2.2.2	Magnetrührer	21
2.2.3	Bioreaktor..	22
2.2.4	Vibromischer	26
2.2.5	Zentrifuge...	27
2.3	Thermische Geräte...	28
2.3.1	Autoklav...	28
2.3.2	Trockenschrank...	30
2.3.3	Brutschrank...	31
2.3.4	Kühlschrank..	31
2.3.5	Bunsenbrenner..	32
2.4	Chemisch-physikalische Meßgeräte	34
2.4.1	pH-Meter	34
2.4.2	CSB-Meßplatz...	34
2.4.3	TOC-Meßgerät..	38

2.5	Glasgeräte	40
2.6	Kleingeräte	42
2.7	Waagen	43

B Häufig genutzte Arbeitsmethoden und Medien in der Umweltmikrobiologie ... 45

1	**Erstellen von Medien.**	**47**
1.1	Erstellen von Flüssigmedien	47
1.2	Erstellen von Agar-Medien	48
1.2.1	Agarplatten in Petrischalen	49
1.2.2	Schrägagar-Röhrchen	50
2	**Kulturmethoden**	**52**
2.1	Standkultur	52
2.2	Schüttelkultur	53
2.3	Kulturen auf Agar-Nährmedien	53
3	**Umgang mit beimpften Medien**	**54**
3.1	Beschriften von Glas- und Kunststoffgefäßen	54
3.2	Anlegen und Bebrüten von Kulturen	55
3.3	Lagern von Medien und Kulturen	56
4	**Wichtige Medien in der Mikrobiologie**	**58**
4.1	Vollmedien.	58
4.1.1	Standard-1-Medium	58
4.1.2	PC-Medium	59
4.1.3	R2A-Medium	59
4.1.4	Malz-Medium	60
4.2	Synthetische Medien	60
4.2.1	Nährsalzlösung	61
4.2.2	Anreicherungs-Zusätze	61
4.3	Vitaminlösung	62
4.4	Spurenelementlösung	62
5	**Wichtige Methoden in der Mikrobiologie**	**63**
5.1	Anlegen von Präparaten zur Mikroskopie	63
5.1.1	Herstellen eines einfachen Flüssigpräparates	63
5.1.2	Herstellen von gefärbten Präparaten	64
5.1.3	Mikroskopieren der Präparate mit und ohne Immersionsöl	65
5.2	Sterilfiltration	66
5.3	Beimpfen von flüssigen Medien	67
5.4	Beimpfen von Agarmedien	67

5.4.1	Einfacher Ausstrich mit der Impföse	67
5.4.2	Vereinzelungsausstrich mit der Impföse	68
5.4.3	Ausspateln auf Agaroberfläche mit Glasspatel	69
5.4.4	Anlegen einer Schrägagar-Kultur	70

C Praktikumsversuche 71

1 Anreicherung und Isolierung von Mikroorganismen aus festen und flüssigen Probenmaterialien 73

1.1	Einführung und Zielvorgabe	73
1.2	Versuchsdurchführung	75
1.2.1	Probennahme und Probenbehandlung	76
1.2.2	Anreicherung von phenolabbauenden Mikroorganismen	76
1.2.3	Vereinzelung der Anreicherungskultur	77
1.2.4	Anlegen einer Subkultur in Flüssigmedium	77
1.2.5	Anlegen einer Reinkultur als Schrägagar-Kultur	77
1.3	Aufgaben	78
1.4	Fragen zu Anreicherung und Isolierung von Mikroorganismen aus der Umwelt.	78

2 Quantifizierung von Mikroorganismen aus Probenmaterial 79

2.1	Einführung und Zielvorgabe	79
2.2	Versuchsdurchführung	82
2.2.1	Probennahme und Probenbehandlung	82
2.2.2	Anlegen einer Verdünnungsreihe	83
2.2.3	Mikroskopische Bewertung der Zellzahl	84
2.2.4	Ausspatelung auf einer Agarplatte mit Vollmedium	84
2.2.5	Ausspatelung auf einer "Diesel-Agarplatte"	85
2.2.6	Bestimmung des Feuchtgewichtes von Biomasse	85
2.2.7	Bestimmung des Trockengewichtes von Biomasse	85
2.3	Aufgaben	86
2.4	Fragen zur Quantifizierung von Zellzahl und Biomasse	86

3 Erstellen eines Abbauspektrums 87

3.1	Einführung und Zielvorgabe	87
3.2	Versuchsdurchführung	88
3.2.1	Anlegen von Kulturen auf Agarplatten	89
3.2.2	Anlegen von Schüttelkulturen	89
3.3	Aufgaben	90
3.4	Fragen zur qualitativen Abbauleistung von Mikroorganismen	90

4	**Stoffabbau und Zellentwicklung in einem phenolhaltigen Modellabwasser**	91
4.1	Einführung und Zielvorgabe	91
4.2	Versuchsdurchführung	94
4.2.1	Anlegen einer Schüttelkultur mit phenolabbauenden Bakterien und Modellabwasser	94
4.2.2	Bestimmung der Phenolkonzentration als Phenol-Index	94
4.2.3	Bestimmung der Biomasseentwicklung	99
4.3	Aufgaben	100
4.4	Fragen zur Biomasse- und Substratänderung in einfacher Batch-Kultur	100
5	**Stoffabbau und Zellentwicklung in einem Zweikomponenten-Modellabwasser mit Bakterien und Hefen als Mischkultur**	102
5.1	Einführung und Zielvorgabe	102
5.2	Versuchsdurchführung	103
5.2.1	Anlegen einer Vorkultur aus *Saccharomyces cerevisiae* in Glukosemedium	104
5.2.2	Anlegen einer Vorkultur mit einem phenolabbauenden Bakterium in Phenol-Medium	104
5.2.3	Quantifizierung der Organismen und Erstellung einer definierten Mischkultur	104
5.2.4	Aufbau eines einfachen Blasensäulen-Reaktors	105
5.2.5	Erfassung der Zucker- und Phenolkonzentration	105
5.2.6	Erfassung des Hefe- und Bakterienwachstums	106
5.3	Aufgaben	107
5.4	Fragen zum Stoffabbau und zur Zellentwicklung in einem Zweikomponenten-System in Batch-Kultur	107
6	**Stoffabbau und Biomasseentwicklung in einem realen Abwasser**	108
6.1	Einführung und Zielvorgabe	108
6.2	Versuchsdurchführung	110
6.2.1	Beschaffung und Transport des Abwassers	110
6.2.2	Aufbau eines Blasensäulen-Reaktors	111
6.2.3	Erfassung der Biomasseentwicklung	111
6.2.4	Erfassung der CSB/TOC-Konzentration	111
6.2.5	Mikroskopische Beobachtung des Prozesses	111
6.3	Aufgaben	112
6.4	Fragen zum Stoffabbau und zur Biomasseentwicklung in einem realen Abwasser in Batch-Kultur	112

7 Stoffabbau und Zellentwicklung in einem phenolhaltigen Modellabwasser in kontinuierlicher Kultur ... 113
7.1 Einführung und Zielvorgabe ... 113
7.2 Versuchsdurchführung ... 115
7.2.1 Erstellung und Lagerung des Modellabwassers ... 115
7.2.2 Aufbau einer einfachen Bioreaktoranlage mit kontinuierlicher Betriebsweise ... 116
7.2.3 Erstellen einer Inokulumskultur ... 119
7.2.4 Einfahren der Anlage ... 119
7.2.5 Betrieb der kontinuierlichen Kultur bis zur Auswaschverdünnung ... 119
7.2.6 Erfassung der Zellentwicklung ... 120
7.2.7 Erfassung der Phenolkonzentration ... 120
7.3 Aufgaben ... 120
7.4 Fragen zur kontinuierlichen Einkomponenten-Kultur ... 120

8 Stoffabbau und Zellentwicklung in einem Zweikomponenten-Modellabwasser in kontinuierlicher Kultur mit Bakterien und Hefen. ... 122
8.1 Einführung und Zielvorgabe ... 122
8.2 Versuchsdurchführung ... 123
8.2.1 Herstellung und Lagerung des Modellabwassers ... 123
8.2.2 Erstellen der Inokulumskultur ... 124
8.2.3 Aufbau eines kontinuierlich arbeitenden Bioreaktors ... 124
8.2.4 Einfahren des Bioreaktors mit phenolabbauenden Bakterien und Phenol als einziger Kohlenstoffquelle ... 125
8.2.5 Kontinuierlicher Betrieb nach Hefezugabe mit Zweikomponenten-Modellabwasser ... 125
8.2.6 Erfassung des pH-Wertes ... 125
8.2.7 Erfassung der Hefe- und Bakterienzellzahl ... 126
8.2.8 Erfassung der Glukose- und Phenolkonzentration ... 126
8.3 Aufgaben ... 126
8.4 Fragen zur kontinuierlichen Kultur im Zweikomponentensystem ... 126

9 Stoffabbau und Biomasseentwicklung bei der kontinuierlichen Abwasserbehandlung ... 128
9.1 Einführung und Zielvorgabe ... 128
9.2 Versuchsdurchführung ... 129
9.2.1 Beschaffung, Transport und Lagerung des Abwassers ... 130
9.2.2 Aufbau einer Abwasserbehandlungsanlage nach OECD-Vorgabe ... 130
9.2.3 Einfahren der Anlage ... 131
9.2.4 Erfassung des Schlammindexes ... 132

9.2.5	Erfassung der CSB/TOC-Konzentration	132
9.2.6	Mikroskopische Beobachtung der Biomasse	133
9.3	Aufgaben	133
9.4	Fragen zur mikrobiologischen Abwasserbehandlung	133

D Anregungen zu weiterführenden Versuchen ... 136

1	**Biologische Behandlung kontaminierter Böden**	137
1.1	Einführung	137
1.2	Mineralölabbau in sandigen Böden	138
1.3	Zellzahlentwicklung bei der Bodenbehandlung	141
1.4	Bestimmung der Bodenatmung	144
2	**Biologische Abfallbehandlung**	147
2.1	Einführung	147
2.2	Kompostierung organischer Abfälle	148
2.3	Feststellung der mikrobiellen Materialzerstörung	150
3	**Anaerobe Techniken im Umweltschutz**	153
3.1	Einführung	153
3.2	Anaerobe Abfallbehandlung	154
3.3	Anaerobe Abwasserbehandlung	157
4	**Mikrobiologische Metallentfernung**	160
4.1	Einführung	160
4.2	Biosorption von Metallen	161
4.3	Laugung von Metallen	162
5	**Toxizitätsuntersuchungen mit mikrobiellen Indikatoren**	165
5.1	Einführung	165
5.2	Biolumineszenstest	166
5.3	*Pseudomonas*-Wachstumshemmtest	167

Literaturverzeichnis ... 171

Sachregister ... 175

A Einrichtungen und Geräte im Mikrobiologielabor

1 Sicherheit im Labor

Viele für mikrobiologische Arbeiten geeignete Laboratorien besitzen keine geeigneten Einrichtungen für das Arbeiten mit gesundheitsgefährdenden Chemikalien. Es soll im folgenden auf alle Aspekte der Arbeitssicherheit der Umweltmikrobiologie eingegangen werden, über die notwendigen Informationen für die Durchführung der beschriebenen Versuche hinaus.
Das Arbeiten mit gesundheitsgefährdenden Chemikalien und unbekannten Mikroorganismen erfordert besondere Kenntnisse und Verhaltensmaßnahmen. Zwar wird im Labor in der Regel mit kleinen Mengen toxischer Substanzen hantiert, dabei aber oft mit konzentrierten Reinststoffen oder unbekannten Gemischen umgegangen. Es ist im Interesse jedes Einzelnen dafür zu sorgen, daß Anreicherungen von Schadstoffen in der Laborluft, direkter Hautkontakt oder gar orale Aufnahme vermieden werden.
Die in der Umwelt vorhandenen und für die Versuche nutzbaren Mikroorganismen weisen kein hohes Gefährdungspotential für die Gesundheit auf. Trotzdem sollte ein sicherer Schutz vor massiven Mikroorganismen-Kontaminationen erfolgen. Dies betrifft vor allem das Einatmen hoher Organismenkonzentrationen, die Infektion von Wunden und Schleimhäuten und die Anreicherung an Kleidung und Haut. Besondere Sorgfalt ist im Umgang mit Bioschlämmen aus Kläranlagen und Laborreaktoren geboten. In solchen Schlämmen können sich pathogene Mikroorganismen und Fadenwürmer entwickeln. Hautkontakte und orale Aufnahme sind unbedingt zu vermeiden.
Neben dem eigenen Schutz sollten umweltbewußte Menschen auch Wert auf eine sachgerechte Entsorgung gesundheitsgefährdender Materialien legen. Es ist daher dringend zu empfehlen, alle mit Schadstoffen kontaminierten Medien und Gegenstände, die nicht angemessen gereinigt werden können, als Sondermüll zu entsorgen. Damit ist eine getrennte Sammlung von Feststoffen und Flüssigkeiten verbunden und die Weitergabe an ein seriöses Entsorgungsunternehmen zu gewährleisten.

Auch das biologische Material enthält häufig noch beachtliche Schadstoffmengen. Es ist auch hier zu empfehlen, grundsätzlich alle auf schadstoffhaltigen Medien gewachsene Mikroorganismen nach dem Autoklavieren mit dem Sondermüll zu entsorgen. Dazu sollten Agarplatten und Bioschlämme in Autoklavierbeuteln sterilisiert und als Feststoffabfall behandelt werden. Bei der Erhitzung im Autoklaven können vor allem bei Abblasen des Luft-Wasserdampf-Gemisches und beim Öffnen des Deckels Schadstoffe in hohen Konzentrationen entweichen. Um die damit verbundenen Gesundheitsgefahren und Geruchsbelästigungen zu verringern, muß für eine gute Raumdurchlüftung gesorgt werden.

1.1 Sicherheitseinrichtungen

Das sichere Arbeiten mit gesundheitsgefährdenden Chemikalien und unbekannten Mikroorganismen ist nur dann zu gewährleisten, wenn das Labor mit folgenden Sicherheitseinrichtungen ausgestattet ist:

1.1.1 Chemikalienschrank

Um gefährliche Chemikalien sicher im Laborbereich lagern zu können, ist ein mit einem Abzugsventilator ausgerüsteter Chemikalienschrank (vgl. Abb. A 1.1) erforderlich. Aus unsachgemäß verschlossenen oder beschädigten Behältnissen können giftige Dämpfe entweichen. Um einen gesundheitsgefährdenden Eintrag in die Laborluft zu unterbinden, muß für eine ständige Durchlüftung des Chemikalienschrankes gesorgt werden. Für die Lagerung leicht entzündlicher oder explosiver Stoffe hat der Schrank aus nicht brennbarem Material zu bestehen. Die Einlegeböden müssen zur Aufnahme auslaufender Flüssigkeiten wannenförmig ausgebildet und gegen ätzende Verbindungen resistent sein. Im Laborbereich sind auch in Chemikalienschränken zur Minimierung möglicher Gefahren nur kleine Gebinde aufzubewahren.

Ist ein solcher Chemikalienschrank nicht vorhanden, müssen die Chemikalien in einem vom Labor getrennten, gut durchlüfteten und nur zum Zweck der Lagerung benutzten Raum aufbewahrt werden.

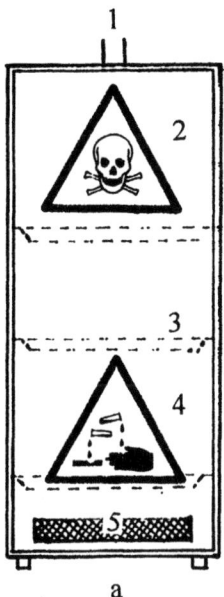 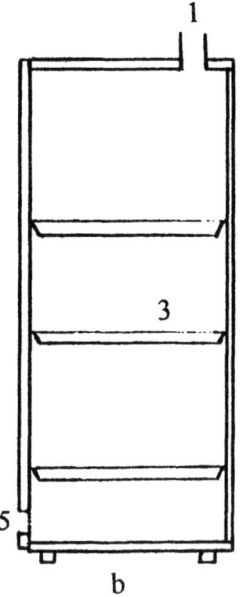

(1) zum Ventilator (2) Aufkleber "giftig" (3) Einlegeböden (Wannen)
(4) Aufkleber "ätzend" (5) Lüftungsschlitze
a) Frontansicht b) Seitenansicht

Abb. A 1.1: Chemikalienschrank zur Aufbewahrung giftiger und ätzender Stoffe (Front- und Seitenansicht)

1.1.2 Abzug

Das Handhaben von gesundheitsgefährdenden Stoffen und übel riechenden Materialien ist nur unter einem geeigneten Abzug erlaubt. Er muß ausreichend groß sein, um ungehindertes Arbeiten zuzulassen und die kurzzeitige Lagerung von Chemikalien, Proben und Arbeitsmitteln zu ermöglichen. Es muß sichergestellt sein, daß die Durchluftmenge auf das Arbeitsvolumen ausgerichtet ist. Im Abzug ist eine optische Kontrolle anzubringen, die den Betriebszustand und die richtige Funktion anzeigt. Das Luftabsaugsystem im Abzug muß eine Entlüftung im Kopf- und im Bodenbereich zulassen (s. Abb. A 1.2). Nur selten sind Laborräume mit Bodenluft-Absaugungsanlagen zur Entfernung schwerer, nach unten absinkender Gase ausgerüstet. Diese lassen sich dann nur durch heftigen Durchzug aus dem Labor entfernen. Arbeiten mit biotechnischen Laboranlagen, aus denen Schadstoffe entweichen können, sollten unter Abzügen durchgeführt werden. Es ist jedoch grundsätzlich zu vermeiden, in so genutzten Abzügen andere Laborarbeiten durchzuführen.

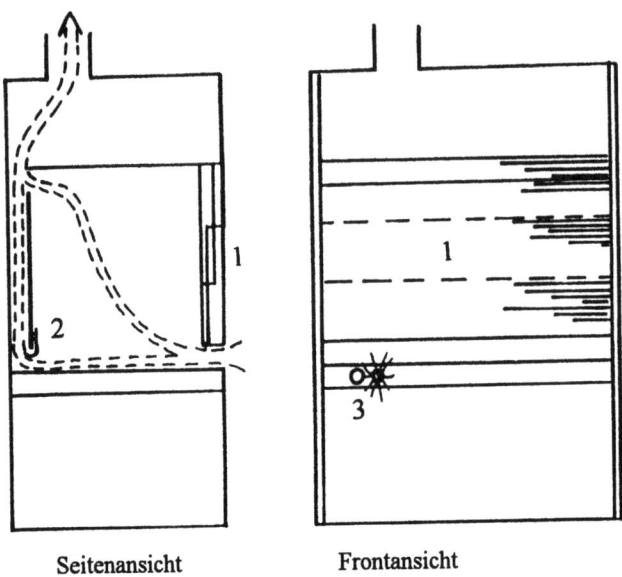

Seitenansicht   Frontansicht

(1) Sicherheitsglasscheibe (2) Flatterbändchen (3) Schalter und Funktionsleuchte

Abb. A 1.2: Abzug

1.1.3 Die Reinraum-Werkbank

Besondere Anforderungen für den Umgang mit Mikroorganismen sind immer dann angezeigt, wenn strikt sterile Arbeiten für den Schutz von Reinkulturen oder definierten Mikroorganismen-Systemen vor Fremdinfektionen notwendig sind, oder der Operateur vor gesundheitsgefährdenden Keimen, Partikeln oder Chemikalien zu schützen ist. Die hierzu notwendigen Voraussetzungen können in größeren (von mehreren Personen zu nutzenden) Laborräumen nur dann sicher verwirklicht werden, wenn mit entsprechenden Geräten Reinraumbedingungen geschaffen werden. Dazu finden Reinraum-Werkbänke (Laminar-flow-Anlagen, Clean-benches) Anwendung.

Die Funktionsweise eines einfachen Laminar-Flow-Kabinettes zeigt Abb. A 1.3. Über ein Gebläse wird Umgebungsluft durch einen Vorfilter angesaugt und durch einen Feinfilter, der sehr kleine Partikel (z.B. Bakterien) zurückhalten kann, in den Arbeitsraum hineingepreßt. Ein Teil dieser Luft verläßt nach Überstreichen des Arbeitstisches die Werkbank durch eine Öffnung unter der Sicherungscheibe nach außen in die Umgebung. Ein erheblicher Teil der Luft wird jedoch durch die Luftschächte in den Kopf der Werkbank zurückgeführt und wiederum in den Arbeitsraum gepreßt. Damit kann die Standzeit des Filters wesentlich verlängert werden.

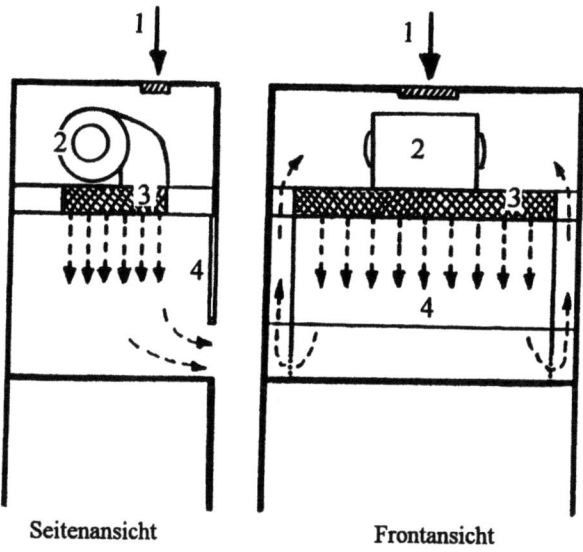

Seitenansicht   Frontansicht

(1) Frischluftzufuhr (2) Gebläse (3) Umluftfilter (4) Glasscheibe

Abb. A 1.3 : Einfache Laminar-Flow-Anlage zum sterilen Umgang mit Mikroorganismen

Das hier vorgestellte System bewirkt durch die laminare Luftströmung eine sehr geringe Luftwirbelbildung im Arbeitsraum und auf dem Arbeitstisch, eine Feinstfiltration dieser Luft und einen Überdruck zur umgebenden Laboratmosphäre. Alle diese Faktoren führen dazu, daß aus der Laborluft keine Keime oder Partikel in die Werkbank gelangen können. Ein sicherer Schutz des Operateurs ist damit jedoch nicht herzustellen.
Dieser ist mit dem in Abb. A 1.4 dargestellten System optimal erreicht. Das Gebläse preßt Luft durch den Feinfilter in den Arbeitsraum. Die Luft überstreicht in laminarer Strömung den Arbeitstisch, wobei ein Teil der Luft den Arbeitsraum über eine Perforationsleiste nach hinten, der andere Teil über die Perforationsleiste nach vorne verläßt. Der Überdruck reicht aus, um den Luftstrom durch einen weiteren Feinfilter zu führen und über den Luftschacht in den Kopf der Anlage zurückzuführen. Ein Teil dieser Luft verläßt das Kabinett über den Abluftfilter, der in der Regel Aktivkohle als Rückhaltesystem für (leichtflüchtige) giftige Chemikalien enthält. Die entweichende Luft wird durch angesaugte Luft aus der Umgebung ergänzt. Diese Zuluft gelangt über die vordere Perforation am Arbeitstisch in das System.
Mit dieser Reinraum-Werkbank werden nun die Effekte geringe Luftverwirbelung im Arbeitsraum und auf dem Arbeitstisch sowie die Feinstfiltration der Luft im Arbeitsraum des einfachen Systems erreicht und zusätzlich - durch das

Verbleiben der Umwälzluft im System - ein Entweichen von Partikeln in die Umgebungsluft verhindert. Somit werden Sterilbedingungen in der Werkbank und gleichzeitiger Schutz des Operateurs durch geschickte Luftführung bewirkt. Der Filter dient als zusätzliches Sicherungssystem und verlängert außerdem beträchtlich die Standzeit des gesamten Filtermaterials.

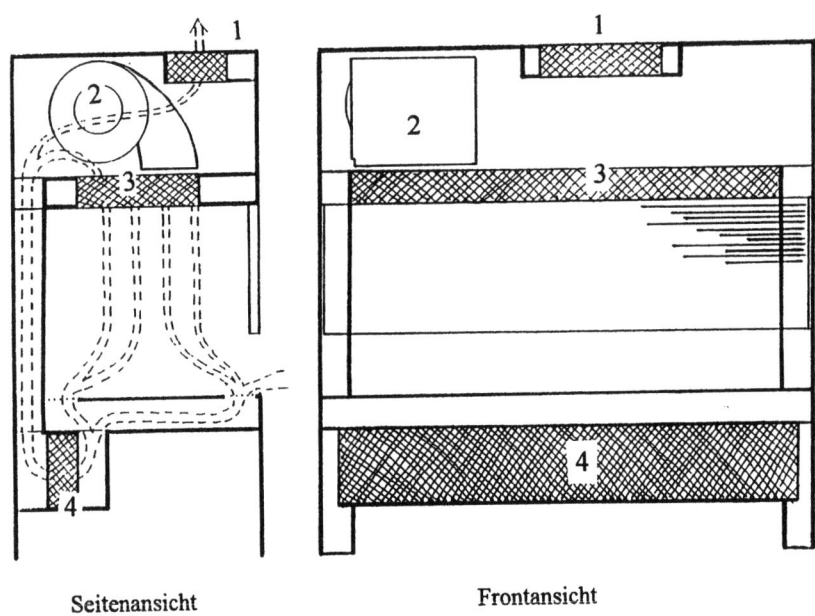

Seitenansicht   Frontansicht

(1) Abluftfilter (2) Gebläse (3) oberer Umluftfilter (4) unterer Umluftfilter

Abb. A 1.4: Reinraumwerkbank nach L2-Sicherheitsstandard

Damit die hier dargestellten Effekte auch sicher wirken, müssen Störfaktoren vermieden oder sehr gering gehalten werden. Der Dauerbetrieb eines Bunsenbrenners führt zwangsläufig zu starker Luftbewegung im Arbeitsraum, die sich negativ auf das Laminarfließverhalten auswirkt. Es sollte daher ein Brennersystem Verwendung finden, dessen Großflamme nur bei Bedarf (z.B. Sterilisation der Impföse durch Ausglühen) angestellt werden kann. Da in Laboratorien, die für umweltbiologische Untersuchungen genutzt werden können, in der Regel Abzüge vorhanden sind, die wesentlich mehr Luft ansaugen als das Gebläse der Reinraum-Werkbank umwälzt, würde bei einem gleichzeitigen Betrieb beider Geräte in einem Laborraum zwangsläufig Luft aus der Reinraum-Werkbank gesaugt und damit der Schutz des Operateurs zunichte gemacht. Es ist demnach vor Betrieb der Reinraum-Werkbank zu prüfen, ob durch Betrieb von

Abzügen, Klimaanlagen, Lüftern oder Durchzug die Funktion des Sicherheitssystems beeinträchtigt wird und gegebenenfalls für Abhilfe zu sorgen.

1.1.4 Entsorgungsbehälter

Zur Sammlung von Feststoffabfällen im Labor eignen sich Kunststoff- oder Metallbehältnisse, die mit einem Klemmdeckel verschließbar sind. Der Verschluß ist notwendig, um das Austreten gefährlicher Gase zu verhindern. Bei längerer Lagerung kann Überdruck im Gefäß entstehen. Diesem ist durch Öffnen des Deckels in regelmäßigen Abständen entgegenzutreten. Im Gegensatz zu Glasgefäßen verformen sich Kunststoff- und Metallbehälter, so daß größerer Überdruck erkennbar ist. Das Öffnen solcher schon verformter, meist aufgeblähter Gefäße ist mit Gefahren verbunden.

Zum einen kann sich der Überdruck so heftig entladen, daß Material aus dem Behälter herausgeschleudert wird, zum anderen können leichtentzündliche Gase zu Verpuffungen oder Stichflammen führen. Stark verformte Behältnisse sollten daher nur von Fachleuten (Sicherheitsbeauftragte informieren!) geöffnet werden. Das im Labor befindliche Sammelgefäß sollte nicht zu groß sein, unter einem mit Sicherheitsglas ausgerüsteten Abzug lagern und regelmäßig in kurzen Abständen geleert werden.

Zur Sammlung Schadstoffe enthaltender flüssiger Abfälle ist auf Glasbehältnisse zurückzugreifen, da nur diese genügend Sicherheit gegenüber chemischen Reaktionen mit den Inhaltsstoffen geben. Auch die Glasflaschen müssen verschlossen werden. Um die Gefahren, die mit dem Zerbersten verbunden wären, weitgehend einzudämmen, empfiehlt es sich, das Glasgefäß in einem Kunststoff- oder Metallbehältnis aufzubewahren. Auch hier ist ein kleines Sammelgefäß, das in kurzen Intervallen regelmäßig geöffnet wird und unter dem Abzug lagert, angezeigt.

Die in den kleinen Behältern im Labor gesammelten Abfälle werden in größeren Sammelbehältnissen außerhalb der Laborräume zwischengelagert und durch gewerbliche Unternehmen entsorgt. Die meisten Entsorgungsunternehmen stellen gegen Mietkosten solche Sammelbehälter zur Verfügung.

1.1.5 Allgemeine Sicherheitseinrichtungen

Neben den bisher aufgeführten, für viele mikrobiologische Laboratorien unüblichen Einrichtungen, muß das Labor mit allen üblichen Sicherheitseinrichtungen ausgestattet sein. Dazu gehören zur Brandbekämpfung Feuerlöscher, Löschdecke(n) und Notdusche(n). Zur Erstversorgung ist eine vollständige Erste-Hilfe-Ausrüstung bereitzustellen. Zum Auswaschen aggressiver Chemikalien oder Feststoffe aus dem Auge sind Augenduschen vorzuhalten.

Der Laborbereich muß mit einer Brandschutztür mit Durchsichtfenster zu verschließen sein. Zum zügigen und ungehinderten Verlassen des Labors ist zusätzlich zur Labortür ein Notausgang vorgeschrieben, der in geeigneter Weise (auch für laborfremde Personen) mit der vorschriftsmäßigen Beschilderung gekennzeichnet ist. Alle Sicherheitseinrichtungen sind gut sichtbar anzubringen oder aufzustellen und geeignet zu kennzeichnen. Um in Notfällen schnell reagieren zu können, muß im Labor - ebenfalls gut sichtbar - ein Notfallplan aushängen, auf dem die notwendigen Maßnahmen schriftlich dargestellt sowie wichtige Telefonnummern (Rettungsdienst, schnell erreichbare Ärzte und Kliniken, Sicherheitsbeauftragter) angegeben sind. Zusätzlich sollte eine Laborordnung an einem geeigneten Platz aushängen oder ausliegen.

1.1.6 Persönliche Schutzausrüstung

Für den Schutz aller im Labor anwesenden Personen ist eine persönliche Schutzausrüstung unbedingt erforderlich. Ohne Kittel aus geeignetem Material (kein Kunststoff) und in geeigneter Form (hoch verschließbar, bis zum Knie reichend) ist der Aufenthalt im Labor zu untersagen. Alle Personen brauchen eine seitlich geschlossene Schutzbrille. Dies gilt auch für Brillenträger, da normale Brillen seitlich keinen Schutz bieten und die Gläser nur selten aus nicht splitterndem Kunststoff gefertigt sind. Für den Umgang mit größeren Mengen aggressiver Chemikalien ist ein Gesichts-Vollschutz und eine Gummi- oder Lederschürze zu verwenden. Staubmaske, Einweg- und feste Gummihandschuhe gehören ebenfalls zur persönlichen Schutzausrüstung.

1.2 Sicheres Verhalten im Labor

Die beste Schutzausrüstung im Labor schützt nicht, wenn sie nicht sachgerecht benutzt und richtig gewartet wird. Die Funktionssicherheit der Feuerlöscher wird in der Regel von der vertreibenden Firma selbst geprüft. Der Umgang mit Löschern ist übungsbedürftig und sollte bei Brandschutzübungen der Feuerwehren praktiziert werden. Für die Funktionstüchtigkeit der Notdusche, das Nachfüllen verbrauchter Erste-Hilfe-Materialien, die Erneuerung der Augenduschen-Flüssigkeit, das sachgerechte Entsorgen gefährlicher Abfälle und das Freihalten von Fluchtwegen und Notausgängen ist der Laborbetreiber verantwortlich. Daher steht vor allem der Laborleiter (vgl. S. XVIII) in der Pflicht, was aber die Praktikanten (vgl. S. XVIII) nicht entlasten sollte. Der sachgerechte Umgang mit Laborgeräten muß durch Einweisung und Kontrolle sichergestellt werden. Auch hierbei kommen dem Laborleiter besonders verantwortungsvolle Aufgaben zu, die nur durch die aktive Mithilfe der Praktikanten angemessen zu leisten sind.

Der Laborleiter ist darüberhinaus verpflichtet, sich über die gesundheitsgefährdenden Wirkungen der benutzten chemischen und biologischen Agenzien in ausreichender Weise zu informieren. Er hat die Sachkenntnis zu erwerben, was in einem Unglücksfall zu unternehmen ist. Vor Aufnahme der praktischen Versuche muß er diese Informationen in verständlicher Weise an die Praktikanten weitergeben. Die Datenblätter aller gesundheitsgefährdenden Chemikalien sind vom Laborleiter bereitzustellen.

Um die wichtigsten Aspekte des sicheren Arbeitens in einem Labor für Umweltmikrobiologie in möglichst übersichtlicher Form darstellen zu können, wird hier die Abfassung einer Laborordnung wiedergegeben. Sie ist nicht als allgemeingültig aufzufassen und kann im Bedarfsfalle erweitert oder den besonderen Bedingungen eines Labors oder einer gezielten Versuchsauswahl angepaßt werden.

LABORORDNUNG:

An die nachfolgend aufgeführten Vorschriften hat sich jeder im Labor Arbeitende oder sich Aufhaltende zu halten. Über diese Vorschriften hinaus helfen Kollegialität, Hilfsbereitschaft, Ordnungssinn und Informationsbereitschaft, die Sicherheitsrisiken im Labor zu verringern. Sie schaffen die Basis für ein gutes Arbeitsklima. Es ist nicht möglich, diese Verhaltensweisen vorzuschreiben; es bleibt aber die Möglichkeit, eindringlich darum zu bitten.

Vorschriften:

Es ist grundsätzlich untersagt, ohne Aufsicht mit gefährlichen Chemikalien, offenem Feuer, heißem Dampf oder Wasser, mechanisch bewegten Teilen oder beweglichen Lasten im Labor zu arbeiten.

Vor Aufnahme aller Laborarbeiten ist eine Sicherheitsbegehung zum Erlangen einer guten Ortskenntnis erforderlich. Dazu gehören insbesondere Sicherheitseinrichtungen: Feuerlöscher, Löschdecke(n), Notdusche(n), Notausgänge, Feuermelder, Erste-Hilfe-Ausrüstung, Sanitätsraum, Duschen, Toiletten.

Die im Gefahren- oder Unglücksfall zu benachrichtigenden Personen müssen benannt und ihre Erreichbarkeit gewährleistet sein (Telefon, "Piepser").

Die Durchführung der Praktikums-Versuche ist erst nach Vermittlung der Versuchsabläufe und der dazu notwendigen Sicherheitsbedingungen durch den Laborleiter erlaubt.

Vor der Benutzung von Geräten, Maschinen und Einrichtungen ist eine sachkundige Einweisung mit Hinweis auf sicherheitsrelevante Bedienungsfehler erforderlich.

Es ist grundsätzlich untersagt, fachfremde Arbeiten durchzuführen (Elektroarbeiten, Reparatur an Einrichtungen oder Geräten usw.). Bei Schäden ist umgehend der Laborleiter zu informieren.

Essen, Trinken und Rauchen sind in den Laborräumen strikt untersagt, ebenso das Aufbewahren von Nahrungs- und Genußmitteln.
Es herrscht striktes Alkoholverbot. Arbeiten unter Alkohol- oder Drogeneinfluß sind wegen des dadurch erhöhten Unfallrisikos verboten und können rechtliche Folgen haben.
Alle Sicherheitshinweise des Laborleiters und des Sicherheitsbeauftragten sind unbedingt zu befolgen.
Haartracht und Kleidung sind den Arbeiten im Labor anzupassen (Unfallgefahr durch offene Flammen, bewegte Teile, Verschmutzung, Infektionen). Ein Laborkittel aus geeignetem Material ist geschlossen zu tragen; das Schuhwerk muß arbeitstauglich sein (geschlossene Schuhe, große Absatzfläche); bei allen Arbeiten mit Chemikalien und Mikroorganismen sind Schutzbrille und Schutzhandschuhe zu benutzen.
Nach Beendigung von Arbeitsgängen sind benutzte Geräte und Einrichtungen zu reinigen sowie in ordnungsgemäßen Zustand zu versetzen.
Vor (längerem) Verlassen des Labors während der Praktikumsversuche ist der Laborleiter zu informieren.
Alle arbeitsursächlichen Verletzungen und Krankheiten sind schriftlich zu dokumentieren (Vordrucke). Bei Beschwerden umgehend einen Arzt aufsuchen und Datenblätter der benutzten gesundheitsgefährdenden Chemikalien vorlegen (vom Laborleiter bereitzustellen).
Bei Sicherheitsmängeln aller Art und der Nichtbeachtung von Sicherheitsvorschriften ist der Laborleiter/Sicherheitsbeauftragte zu informieren.

Einige zusätzliche Empfehlungen:

Bei allen Fragen zur Arbeitssicherheit und zum Gesundheitsschutz wird der Laborleiter ein hilfsbereiter Ansprechpartner sein.
Da bei Arbeiten mit gesundheitsgefährdenden Stoffen besondere Gefahren für das ungeborene Leben bestehen, ist bereits bei Verdacht einer Schwangerschaft von einem Umweltmikrobiologie-Praktikum mit Schadstoff-Umgang abzusehen.
Bei besonderen Empfindlichkeiten gegen benutzte Arbeitsmittel und -stoffe (z.B. Allergien) ist ein Arzt aufzusuchen; die Datenblätter benutzter Chemikalien sind vorzulegen.

2 Mikrobiologische Arbeitsgeräte

Neben der Clean-bench, die unter das Kapitel Sicherheitseinrichtungen (1.1.3) eingeordnet wurde, gibt es einige sehr wichtige Arbeitsgeräte, die zur Durchführung der Versuche notwendig sind. In einem kurzen Abriß sollen sie hier vorgestellt werden.

2.1 Optische Geräte

Bei vielen Arbeiten im Mikrobiologie-Labor wird auf optische Geräte zur Sichtbarmachung kleinster Lebewesen (Mikroskop, Stereolupe) oder zur Erfassung von Trübungen und Farbreaktionen (Fotometer) zurückgegriffen.

2.1.1 Das Mikroskop

Mit zu den wichtigsten Arbeitsgeräten in der Mikrobiologie zählt das Mikroskop. Nur mit diesem Hilfsmittel ist es möglich, einzelne Mikroorganismenzellen, Sporen und Zellstrukturen sehen zu können. Zum sicheren Erkennen von Bakterienzellen im unter µm-Bereich sind lichtmikroskopische Methoden meist ausreichend. Daher soll hier auf die häufig benutzten Verfahren Durchlicht- und Phasenkontrast-Mikroskopie eingegangen werden.
Bei der Durchlicht-Mikroskopie wird allein mit Beleuchtung und Vergrößerung durch mehrere "Lupen" das winzige Objekt sichtbar gemacht. In Abbildung A 2.1 ist der Strahlengang eines sehr einfachen, aber oft benutzten Mikroskops zu sehen:
Mittels eines Spiegels wird Licht aus der Umgebung (Fenster, Raumbeleuchtung) oder einer speziellen Lampe durch Justierung des Reflektors durch ein Objektglas

geleitet, auf dem das zu vergrößernde Objekt fixiert ist. Zur Bündelung und genauen Einstellung des Strahlenganges ist unter dem Objekt eine Kondensorlinse angebracht. Mit dem Triebsystem wird die Objektivlinse in den Brennpunkt des vom Objekt beeinflußten Lichtstrahles gebracht.

Hierdurch wird mit der "ersten Lupe" das Objekt vergrößert dargestellt. Im Okular ist eine "zweite Lupe" untergebracht, die das vergrößerte Objektbild ein weiteres Mal vergrößert, bevor es das Auge des Betrachters trifft.

Die Vergrößerung eines Mikroskops ist also abhängig von der Vergrößerungsleistung der Objektivlinse und der Okularlinse. Bei einer oft gebräuchlichen Linsenkombination mit einer 40fachen Vergrößerung durch die Objektivlinse und einer 10fachen Vergrößerung durch die Okularlinse wird eine Gesamtvergrößerung von 400fach erreicht.

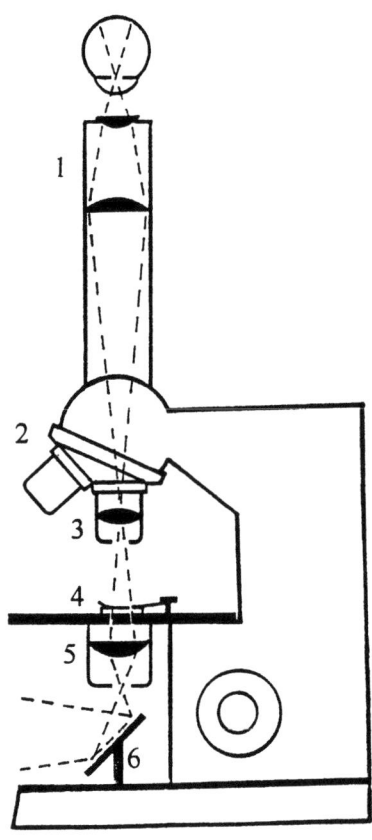

(1) Okularlinsen (2) Objektivträger (Revolver) (3) Objektivlinse (4) Objektträger (5) Kondensorlinse (6) Fußspiegel

Abb. A 2.1 : Strahlengang durch ein einfaches Lichtmikroskop

Häufig reicht der nur durch Durchlicht-Verfahren erreichbare Kontrast für ein deutliches Erkennen des mikrobiologischen Objektes nicht aus. Mit einem prinzipiell einfachen Verfahren, der Phasenkontrast-Mikroskopie, können bei gleicher Vergrößerungsoptik wesentlich kontrastreichere Abbildungen erzielt werden. Dazu ist jedoch eine besondere Vorrichtung, der Phasenkontrastkondensor, und spezielle Phasenkontrastobjektive erforderlich. Im Phasenkontrastkondensor wird durch ein auf die Vergrößerung abgestimmtes Blendensystem ein Lichtring erzeugt. Das Licht, das vom Kondensor auf das Objekt trifft, ist an der Phasenkontrastblende gebrochen. Im Phasenkontrastobjektiv befindet sich ein lichtundurchlässiger Ring, der deckungsgleich zum Phasenkontrastlichtring des Kondensors ist. Durch den beim Passieren des Phasenkontrastringes, des Objektes und des Phasenkontrastobjektives mehrfach gebrochenen Lichtstrahl wird eine sehr kontrastreiche, aber lichtarme und farbverzehrte Abbildung erzeugt. Zur morphologischen Ansprache kleiner mikrobiologischer Objekte oder genauer Abbildung von Strukturen bei geringer Tiefenschärfe oder das "Durchfahren" dickerer Schichten ist die Phasenkontrastmikroskopie besonders geeignet.

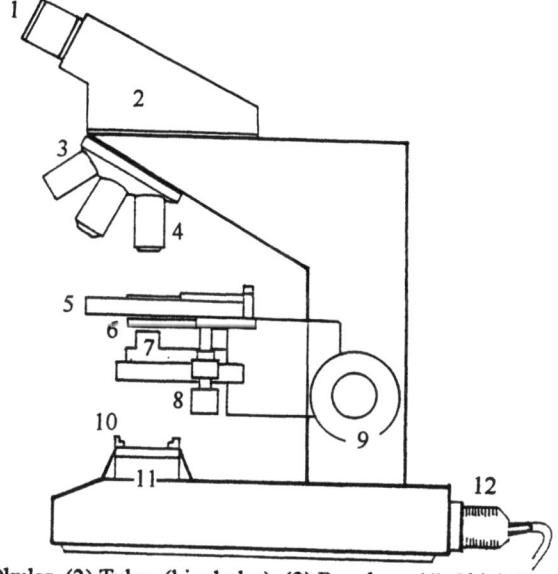

(1) Okular (2) Tubus (binokular) (3) Revolver (4) Objektiv
(5) Kreuztisch (6) Kondensor (Linse und Blende)
(7) Phasenkontrastkondensor (8) Bedienungselemente für
Kreuztischhalter (9) Grob- und Feintrieb zur Fokussierung
(10) Halterung für Filter (11) Leuchtfeldblende (12) Glühlampe
als Lichtquelle

Abb. A 2.2 : Schematische Darstellung eines modern ausgerüsteten Mikroskopes (Seitenansicht)

Abbildung A 2.2 zeigt schematisch die Ausrüstung eines modernen Labor- und Forschungsmikroskopes. Zwischen den hier skizzierten Mikroskopvarianten gibt es eine Vielzahl für die Umweltmikrobiologie geeigneter Ausrüstungen. Dabei sollte nicht so sehr auf besonders teure Optiken und hohe Vergrößerungen geachtet werden; vielmehr sollten die Justierbarkeit der Optik (Köhlern), eine Phasenkontrasteinrichtung für ca. 100- und 400fache Vergrößerung und binokulare Ausrüstung des Okulartubus-Systems Auswahlkriterien sein.
Zum sachgerechten Umgang mit dem Mikroskop ist eine Einweisung unerläßlich. Da ein solches optisches Gerät teuer und nur von Fachleuten reparierbar ist, sollte beim Umgang mit Mikroskopen besondere Sorgfalt herrschen. Mechanische Belastungen (Stöße, Umwerfen) verändern mechanische und optische Teile bis zur Unbrauchbarkeit. Unsachgemäße Reinigung der Optik kann ebenfalls die Brauchbarkeit von Okularen, Objektiven und Kondensoreinrichtungen erheblich beeinträchtigen. Das gewaltsame Bewegen von Funktionselementen (Fein- und Grobtrieb, Justiereinrichtungen, Objektivrevolver, Klemmvorrichtung und Triebe des Kreuztisches, Verschraubungen von Objektiven und anderen "beweglichen" Teilen) führt in der Regel zur Unbrauchbarkeit des Mikroskopes, bis ein neues Funktionselement eingebaut worden ist (falls noch möglich).
Lassen Sie sich deshalb von Sachkundigen in die "Geheimnisse" des Köhlerns, der Phasenkontrasteinstellung, der Reinigung von Objektiven, der Blendeneinstellungen und Möglichkeiten der Filternutzung einweisen.

2.1.2 Fotometer

Es gibt eine Vielzahl an Fotometern mit unterschiedlichen Anwendungsmöglichkeiten, die - abhängig vom Spektralbereich und der Einstellung der Lichtwellenlänge - auch sehr unterschiedliche Beschaffungskosten aufweisen. Für die Durchführung der nachfolgenden Versuche reicht ein Gerät, das Licht im optisch sichtbaren Wellenlängenbereich (Vis-Bereich 400 bis 800 nm) ausstrahlt und bei dem die Wellenlänge durch Filtereinsätze gewechselt werden kann. Das Meßprinzip ist bei allen Fotometern gleich (Abb. A 2.3). Das von der Lichtquelle (1) ausgestrahlte Licht wird durch den Filter (2) in seiner Wellenlänge definiert eingegrenzt. Der ungehindert auf den Detektor (3) auftreffende Lichtstrahl erzeugt eine elektrische Spannung, die gemessen werden kann. Wird eine Probe (4) zwischen Lichtquelle und Fotozelle gebracht, die im durch den Filter vorgegebenen Spektralbereich das Licht adsorbiert oder reflektiert, ändert sich die vom Detektor erfaßte Intensität und damit die gemessene elektrische Spannung. Die Änderung des auf die Fotozelle treffenden Lichtes kann dabei von Partikeln in Form der Trübung oder durch Färbungen unterschiedlicher Intensität bewirkt werden. Durch Korrelation von Partikelkonzentration und Trübe beziehungsweise Stoffkonzentration und Farbintensität mit der elektrischen Änderung am Lichtsensor (Erstellung einer Eichkurve) und dem Vergleich mit einer partikelfreien oder ungefärbten Vergleichsprobe lassen sich einfach und genau Konzentrationen messen.

Diese Eigenschaft macht das Fotometer zu einem viel benutzten Analysengerät in der Mikrobiologie und chemischen Analytik. Da die Trübungsmessung eine wichtige Methode in allen Bereichen der Mirobiologie darstellt, sollen die apparativen Aspekte etwas intensiver ausgeführt werden.

Daher wird das Fotometer an dieser Stelle behandelt, obwohl es in der chemischen Analytik eine bedeutendere Rolle spielt.

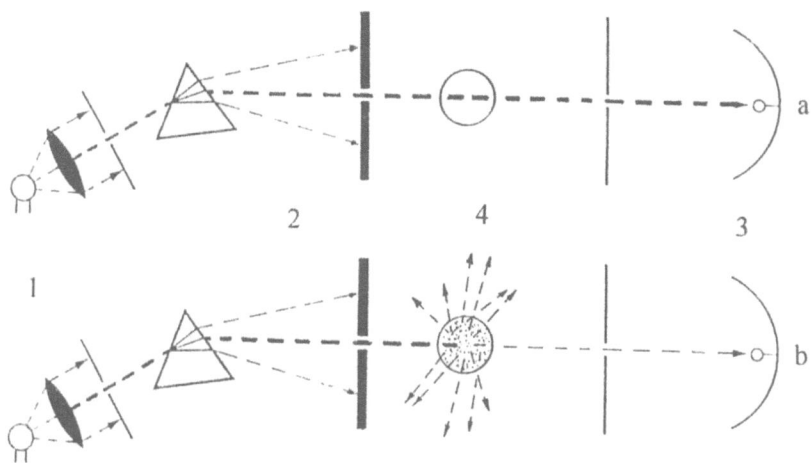

(1) Lichtquelle mit Kollektor (2) Filter zur Erzeugung monochromatischen Lichtes mit definierter Wellenlänge (3) Detektor (Fotozelle, Lichtsensor)
(4) Rundküvette (Kulturröhrchen) ohne Mikroorganismen (a),
mit Mikroorganismen (b)

Abb. A 2.3 : Strahlengang durch ein Fotometer ohne (a) und mit Probe (b)

Mikroorganismen sind kleine Partikel, an deren Oberfläche Licht in verschiedene Richtungen abgelenkt und in geringerem Maße absorbiert wird. Bei gutem Bewuchs in klaren Flüssigmedien läßt sich dieser Effekt durch die Trübung mit bloßem Auge erkennen und bei genügend großen Differenzen auch bewertend unterscheiden. Mit dem Fotometer lassen sich in geeigneten Konzentrationsbereichen bei einer Wellenlänge zwischen 450 bis 600 nm selbst kleinste Unterschiede durch Bestimmung der Extinktion E als Änderung der Lichtintensität durch Lichtstreuung und Absorption quantitativ erfassen.

Die Extinktion ist definiert als

$$E = \log_{10} I_0/I$$

wobei I_0 der Lichtintensität bzw. der elektrischen Spannung des partikelfreien und I des durch Mikroorganismen getrübten Mediums entspricht.
Dabei bestehen neben der zu bestimmenden Zelldichte Abhängigkeiten von der Wellenlänge, der Schichtdicke, vom Medium und Küvettenmaterial.
Es hat sich als ausgesprochen arbeitserleichternd erwiesen, die Mikroorganismendichte in Kulturröhrchen und nicht in den allgemein üblichen kleinen viereckigen Glasküvetten zu messen. Dazu ist jedoch ein entsprechend dimensionierter Rundküvettenhalter, der von fast allen Fotometerherstellern angeboten wird, erforderlich. Fotometer sind teure elektro-optische Geräte. Sie bedürfen einer sicheren und geschulten Handhabung. Eine intensive Einweisung in Methodik und Gerätetechnik durch den Laborleiter ist hier angezeigt.

2.2 Mechanische Geräte

Zur langsamen oder schnellen Vermischung von Medien oder Suspensionen mit Mikroorganismen werden im Mikrobiologielabor unterschiedliche mechanische Geräte und Apparaturen eingesetzt. Die wichtigsten werden hier kurz dargestellt

2.2.1 Schüttelmaschine

Das Einwirken mechanischer Energie auf flüssige Nährmedien fördert den Sauerstoffeintrag und den Stofftransport, so daß die Lebensbedingungen für die meisten Mikroorganismen dadurch verbessert werden. Eine einfache und schonende Art des mechanischen Energieeintrages ist das Schütteln mit Flüssigmedien gefüllter Glaskolben auf Schüttelmaschinen (Abb. A 2.4). Mittels eines elektrischen Antriebes (1) wird eine als Tablar bezeichnete Plattform (2) in kreisende (Rundschüttler) oder Hin-und-her-Bewegung (Reziprokschüttler) versetzt. Auf dem Tablar sind Klemm-Halterungen (3) angebracht, in denen die Schüttelkolben (4) befestigt werden.
Für unterschiedlich dimensionierte Kolben gibt es die entsprechend angepaßten Halterungen. Wird der Schüttler in Betrieb gesetzt, schwingt der Kolben in der durch den Schüttler-Typ vorgegebenen Bewegung mit. Die Flüssigkeit gerät ebenfalls in eine der Schüttlerbewegung verzögerte Schwingung, so daß es zu Vermischungen kommt. Durch die sich dabei ständig erneuernde Flüssigkeitsoberfläche wird Luft und damit Sauerstoff eingetragen. Es gibt eine große Zahl unterschiedlicher Schüttler, die sich neben dem Bewegungsmodus durch Größe und Temperierung unterscheiden.

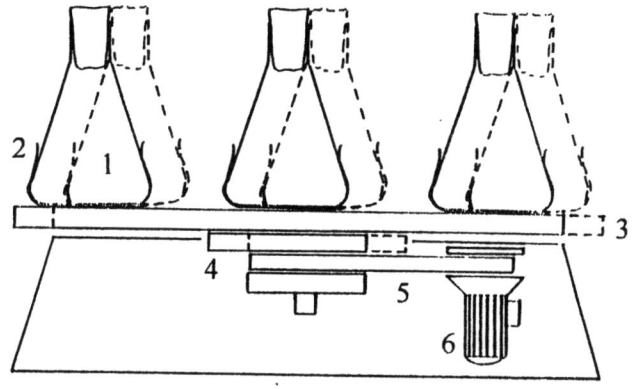

(1) Schüttelkolben (2) Halteklammer (3) Tablar (Plattform) (4) Exzenter
(5) Antriebsriemen (6) regelbarer Antriebsmotor

Abb. A 2.4 : Aufbau und Funktionsprinzip einer einfachen Rotations-Schüttelmaschine

Einfache Laborschüttler (Abb. A 2.4) sind mit einem kleinen Tablar ohne Abdeckung ausgestattet.
Sogenannte Großkapazitäts-Schüttelmaschinen sind mit mehreren großen Plattformen ausgerüstet, die mehrere hundert Kleinkolben aufnehmen können. Auch diese Maschinen sind ohne Abdeckung und werden in der Regel in temperierbaren Räumen (Bruträumen) betrieben. Für beide Typen gelten besondere Sicherheitsregeln.
Vor jeder Berührung des Gerätes (Kolbenentnahme, Reinigung) ist der Antrieb abzustellen und bis zum Stillstand der Maschine (kann bei großen Schüttlern einige Minuten dauern) abzuwarten. Dies gilt auch für Arbeiten in unmittelbarer Nähe solcher Schüttler. Offenes langes Haar, weite Kleidungsstücke und unverschlossene Kittel können sich sehr leicht in der Maschine verfangen und bereits bei kleinen Laborschüttlern zu schmerzhaften Verwundungen, bei Großschüttlern zu dramatischen Verletzungen bis zu Gliedmaßenverlusten führen (s. Laborordnung). Zur Thermostatisierung von Schüttelkolben in kleiner Anzahl eignen sich Wasserbadschüttler. Das Tablar ist dabei so angebracht, daß es in ein Wasserbad hineinreicht. Das Wasser wird mittels eines geregelten Heizsystems auf eine vorgegebene Temperatur gebracht und konstant gehalten. Die in den Kolben befindlichen Medien nehmen die Wasserbad-Temperaturen an und die Mikroorganismen werden unter definierten Temperaturbedingungen bebrütet. Zur Verhinderung größerer Wasserdampfverluste sind Wasserbadschüttler mit durchsichtigen Abdeckhauben versehen. Hält man sich an die Regel, daß vor der

Entfernung der Haube der Schüttlerantrieb ausgeschaltet wird, sind auch alle schüttlertypischen Gefahren ausgeschaltet. Bei allen modernen Klima-Schüttelmaschinen, die in temperierbaren und isolierten Gehäusen fest eingebaut sind (Abb. A 2.5), stellt sich der Schüttlerantrieb automatisch beim Öffnen des Deckels ab. Solche Schüttelmaschinen können eine große Zahl an Kolben aufnehmen und unabhängig von temperierten Räumen betrieben werden. Teure Typen haben neben dem Heizsystem auch eine geregelte Kühlung integriert, so daß auch unter "tropischen" Bedingungen gemäßigte Temperaturen aufrecht erhalten werden können.

Aber auch einfache Laborschüttler sind mit separaten Klimahauben abzudecken, so daß sich sichere und temperaturstabile Bedingungen herstellen lassen. Besondere Bedingungen, die das sichere Arbeiten mit Schadstoffen auf Schüttelmaschinen betreffen, sollen hier noch berücksichtigt werden.

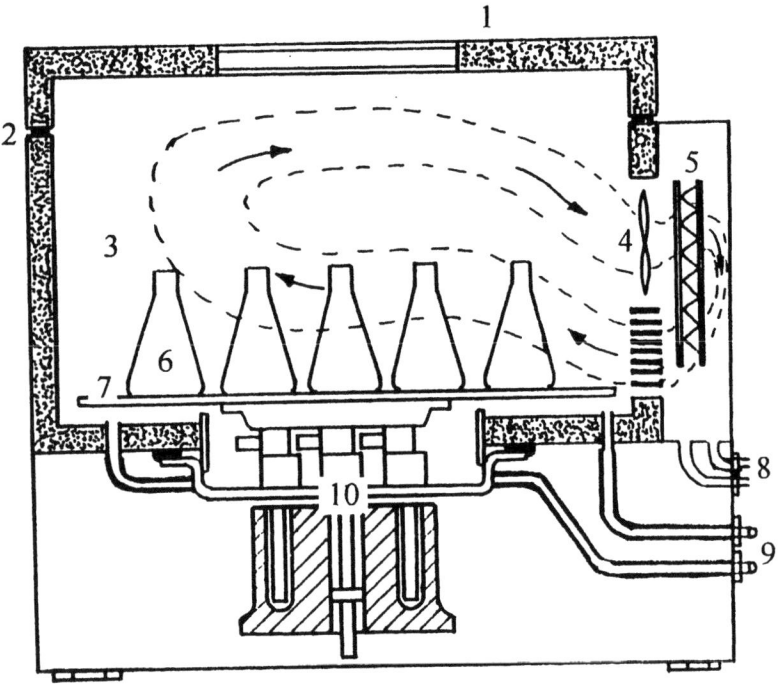

(1) isolierter Deckel mit Sichtfenster (2) Dichtung (3) klimatisierte Schüttelkammer (4) Ventilator (5) Heizung (6) Schüttelkolben (7) Tablar (8) Kühlwasseranschluß (9) Anschlüsse für Gase (10) Exzenteraufhängung, Lagerung

Abb. A 2.5 : Klima-Schüttelgerät

Leicht entgasende Schadstoffe dürfen nicht auf offenen Schüttlern im Labor benutzt werden. Beim Betrieb von Großkapazitäts-Schüttelmaschinen in Klimaräumen muß für ausreichenden Luftaustausch gesorgt werden. Nur mit Thermo-Hauben abgedeckte Schüttler sind mit solchen Substanzen in Abzügen zu betreiben. Beim Einsatz leichtflüchtiger Komponenten in Thermo-Schüttlern ist anzuraten, zunächst die Verschlußdeckel zu öffnen und bis zur Entnahme oder Auswechselung von Kolben einige Minuten zu warten. Das regelmäßige Durchlüften der Räumlichkeiten, in denen die Schüttler betrieben werden, ist dringend zu empfehlen. Obwohl es überflüssig sein sollte, sei hier nochmals auf die Gefahren bei Kolbenwechsel auf der laufenden Maschine hingewiesen. Das Aneinanderschlagen von Glaskolben kann natürlich zu deren Zerstörung führen. Das Auslaufen Schadstoffe enthaltender Flüssigkeiten, die durch Scherben erhöhte Verletzungsgefahr und die notwendige Reinigung lassen sich durch Einhaltung einfachster Regeln vermeiden.

2.2.2 Magnetrührer

Magnetrührer eignen sich vielfältig zum Vermischen niedrig viskoser Flüssigkeiten. So lassen sie sich im Mikrobiologielabor bei der Herstellung von Medien und zur Bewegung von Nährlösungen einsetzen. Ein Elektromotor bringt einen starken Magneten in kreisende Bewegung. Ein im Rührbehälter befindlicher magnetischer Metallstab (Rührfisch) wird nun seinerseits durch den Magneten in eine gleichgerichtete und gleich schnelle Drehbewegung versetzt und damit das Medium ebenfalls vermischt.
Abhängig von der Drehgeschwindigkeit, Größe und Form des Rührfisches sowie des Füllgrades des Gefäßes lassen sich laminare und turbulente Strömungen erzeugen. Zur Herstellung von Nährlösungen eignet sich eine Kombination aus Heizplatte und Magnetrührer. Durch Wärmeeinwirkung und vermischungsabhängige Verbesserung des Stoffüberganges lassen sich schwerlösliche oder schlecht mit Wasser benetzbare Substanzen im Wasser verteilen.
Um auch aggressive Chemikalien mit Magnetrührern vermischen zu können, sind die Rührfische mit einer Schutzschicht aus widerstandsfähigem Kunststoff (PTFE) umgeben.
Magnetrührer sind bei moderaten Drehgeschwindigkeiten im Langzeitbetrieb zu nutzen. Damit eignen sie sich auch zur Kultivierung von Mikroorganismen mit mechanischer Bewegung (vgl. A 2.2.1). So werden für diesen Zweck Magnetrühr-Anlagen mit mehreren Stellplätzen für Glasgefäße hergestellt.
Selbst das Rotieren von Magnetscheiben, die mit einer Blattrührer-bestückten Welle ausgerüstet sind, lassen sich mit Magnetantrieben realisieren, so daß damit die Flüssigkeitsvermischung in kleineren Bioreaktoren (vgl. A 2.2.3) möglich ist.
Der Betrieb von Magnetrührern stellt bei Beachtung der Betriebsanweisung sicherheitstechnisch keine besonderen Probleme dar.

(1) Heizplatte
(2) Gehäuse
(3) Potentiometer zur Geschwindigkeitsregelung
(4) Leuchtschalter (Magnetantrieb)
(5) Leuchtschalter (Heizplatte)
(6) Potentiometer zur Temperatureinstellung

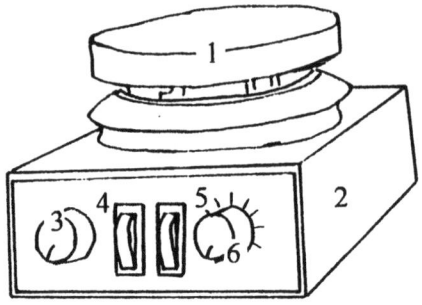

Abb. A 2.6 : Magnetrührer mit Heizplatte

2.2.3 Bioreaktor

Unter dem Begriff Bioreaktor, häufig auch als Fermenter oder Fermentor bezeichnet, sollen hier alle Systeme verstanden werden, in denen Mikroorganismen in größeren Ansätzen vermehrt werden. Um die dazu erforderlichen günstigen Bedingungen zu erzeugen, müssen folgende Voraussetzungen erfüllt sein:

- Vermischung des Mediums bei bevorzugt turbulenter Strömung

- Eintrag ausreichender Sauerstoffkonzentrationen (bei aeroben Prozessen)

- Material des Bioreaktorgefäßes chemisch inert (Glas, Edelstahl, geeignete Kunststoffe) und thermostabil (autoklavierbar).

In der Mikrobiologie und Biotechnologie werden sowohl im Labor- und Kleintechnikmaßstab als auch in der großtechnischen Herstellung mikrobiologischer Produkte Rührkessel-Fermenter bevorzugt eingesetzt. Daher ist ein solches Gerät in Abbildung A 2.7 schematisch dargestellt. Im Bereich der technischen Umweltmikrobiologie werden dagegen Blasensäulen-, Airlift- und Festbettreaktoren bevorzugt (s. Abb. A 2.8). Beim Umgang mit wasserlöslichen Schadstoffen und vorwiegend disperser Biomasse ist der Einsatz von Rührkesselreaktoren durchaus sinnvoll und sollte, falls ein solches Gerät bereits vorhanden ist, auch benutzt werden.
Als problematisch müssen aber die durch schnell laufende Rührsysteme hervorgerufenen hohen Scherkräfte beim Einsatz wasserunlöslicher Flüssigkeiten und Feststoffe und bei der (meist gewünschten) Entwicklung von biologischen Flocken angesehen werden.
Es empfiehlt sich dann, mit einfachen Blasensäulen oder Airliftreaktoren zu arbeiten. Bei der Blasensäule (Abb. A 2.8 a) wird ein mit wässrigem Medium gefülltes (Glas)Rohr von unten mit Luft begast. Als Begasungssysteme finden

Düsen, Lochboden und, im Labormaßstab sehr häufig, Fritten Anwendung, durch die Preßluft gedrückt wird. Die Luft verläßt in Form kleiner Bläschen die Begasereinheit und steigt im Rohr wegen der geringeren Dichte nach oben, konglomeriert zu größeren Blasen und entweicht an der Oberfläche der Wassersäule. Dabei wird die Flüssigkeit verdrängt und ein Mischeffekt stellt sich ein. Durch Erhöhung der Zuluftmenge und damit verbunden der Geschwindigkeit, mit der die Luftblasen in der Säule aufsteigen, lassen sich turbulente Strömungen bei geringen Scherkräften erzeugen. Gleichzeitig werden mit der Luft ausreichende Mengen Sauerstoff in das Wasser transportiert. Auf eine zusätzliche mechanische Vermischung kann dabei vollständig verzichtet werden. Die einfache Technik erlaubt die Nutzung dieses Bioreaktors in nahezu allen Größenordnungen, vom kleinsten Laborreaktor mit wenigen ml Volumen bis zur großtechnischen Anwendung beispielsweise in der Abwasserbehandlung.

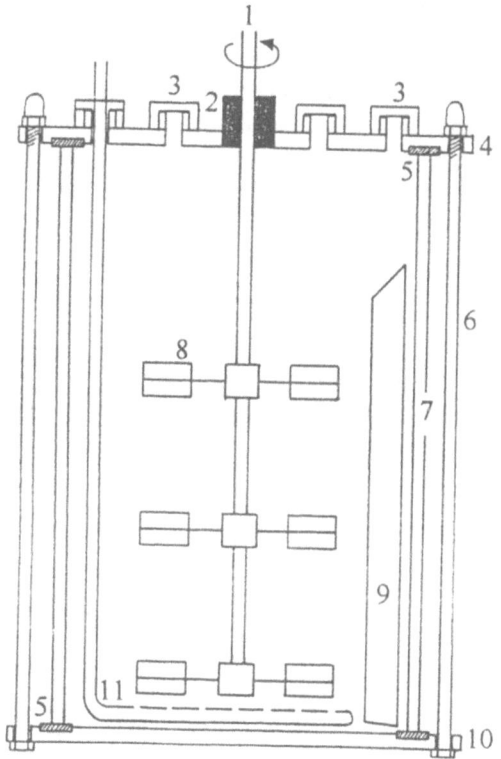

(1) Antriebswelle (2) Lager (3) Stutzen für Meßsonden (4) Deckel
(5) Dichtung (6) Spannstab (7) Glaswand des Reaktorgefäßes
(8) Blattrührer (9) Prallblech (10) Boden (11) Begasungsring

Abb. A 2.7 : Schematische Darstellung eines Rührkesselreaktors

Ein besonderer Bioreaktor, der in der Umweltmikrobiologie im Laborbetrieb vorzugsweise eingesetzt wird, ist der Airliftreaktor (Abb. A 2.8 b). Dieser besteht in der Regel aus einem länglichen Rohr aus Glas oder Kunststoff, einem konisch ausgebildeten Begasungssystem, einem inneren Leitrohr und einer Entgasungszone. Preßluft wird durch eine Düse oder (im Labormaßstab) eine Fritte so in den Reaktor geführt, daß nur die Fläche des inneren Leitrohres begast wird und wie eine Blasensäule funktioniert. Das aus Luft und Wasser bestehende Gemisch im inneren Leitrohr ist in seiner Dichte wesentlich niedriger als das gasfreie Wasser im Reaktorrohr außerhalb des Leitzylinders und wird daher von der schwereren Flüssigkeit verdrängt. Das so in den Begasungsbereich gelangende Medium wird nun seinerseits in der "inneren Blasensäule" nach oben transportiert, gelangt nach Entgasen der Luft in den "äußeren Abströmbereich" und wird so ständig vertikal zirkuliert (Mammutschlaufen-Effekt). Dabei wird eine gute Vermischung bei gutem Sauerstoffeintrag in der turbulent durchströmten "Blasensäule" und eine Beruhigung der Wasserbewegung im vorwiegend laminaren Strömungsbereich der äußeren Schlaufe erreicht. Dieses Strömungsverhalten hat sich als besonders geeignet für die schonende Fluidisierung von Feststoffen erwiesen. Die Vermischeigenschaft und das Stoffaustauschverhalten eines Airlift-Reaktors sind abhängig vom Begasungssystem und der Zuluftmenge, vom Flächenverhältnis des inneren Leitrohres zum gesamten Reaktorrohr, von der Spaltbreite des Leitzylinders zum Begasungskonus sowie von der Höhe des Leitrohres und dem Füllgrad des Reaktorsystems.

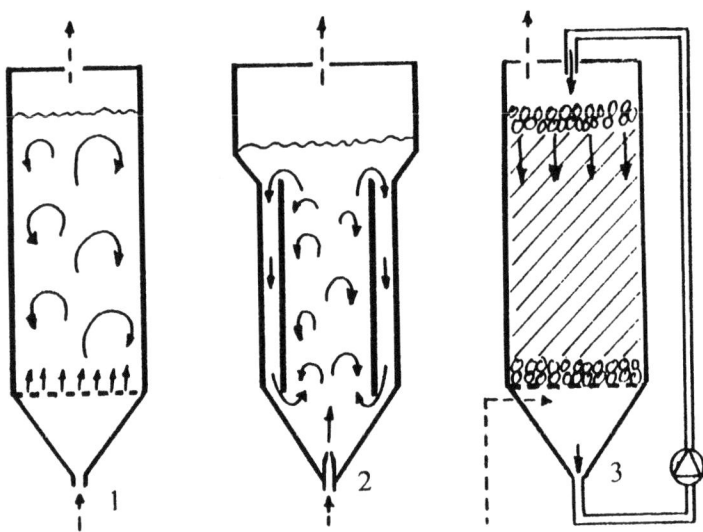

(1) einfache Blasensäule mit Lochboden (2) Airlift-Reaktor mit innenliegender Schlaufe und Düsenbegasung (3) Festbettreaktor (Rieselfilmreaktor) mit Medienrückführung

Abb. A 2.8 : Häufig in der Umweltbiotechnologie benutzte Bioreaktoren

Ein für die Untersuchung der biologischen Abbaubarkeit häufig, weil standardisiertes "Bioreaktorsystem" stellt die von der OECD propagierte, in Abbildung C 9.1 (vgl. C 9.2.3) gezeigte Gefäßzusammenstellung dar. Sie ist vom Behandlungsprinzip einer einfachen biologischen Abwasserbehandlungsanlage nachempfunden. In einem Belebungsgefäß, das eine Blasensäule darstellt, wird das wässrige Medium vermischt und begast. Das langsam kontinuierlich in dieses Gefäß fließende Wasser verläßt dieses durch einen Überlauf und gelangt in einen Absetzbehälter. Absetzbare Komponenten sinken in der Konus des Absetzbehälters. Kontinuierlich oder periodisch in kurzen Zeitintervallen wird Luft in eine Mammutpumpe geblasen und damit das abgesetzte Material in das Belebungsgefäß zurückgeführt. Die feststofffreie Flüssigkeit an der Oberfläche des Absetzgefäßes verläßt über einen Ablauf das System.

Sollte es unmöglich sein, eine der hier vorgestellten Bioreaktor-Varianten zur Anwendung zu bringen, so kann mit einer äußerst einfachen Versuchsanordnung ein "Bioreaktor-Effekt" erreicht werden (Abb. A 2.9):

Der Verschluß einer Weißglasflasche ist zu durchbohren und ein gebogenes Glasrohr, das bis nahe an den Flaschenboden reicht, durchzuführen.

Dabei sollte zur Befestigung eine Manschette aus einem Stück Gummi- oder Silikonschlauch zwischen Glasrohr und Deckel gebracht werden. Mittels einer einfachen Aquarienpumpe kann nun Luft in das Glasrohr geführt werden, die am unteren Ende, dicht über dem Flaschenboden in das Medium entlassen wird, und so eine (schlecht begaste) Blasensäule darstellt. Die Luft verläßt das System über den nicht fest verschlossenen Deckel. Selbst mit einer kleinen Membranpumpe lassen sich 500 bis 1000 ml Wasser begasen und vermischen.

(1) Zuluft
(2) Dichtmanschette
    (Silikonschlauch)
(3) durchbohrter Deckel
(4) Abluft
(5) Begasungsrohr (Glas)
(6) Steilbrustflasche
(7) Medium

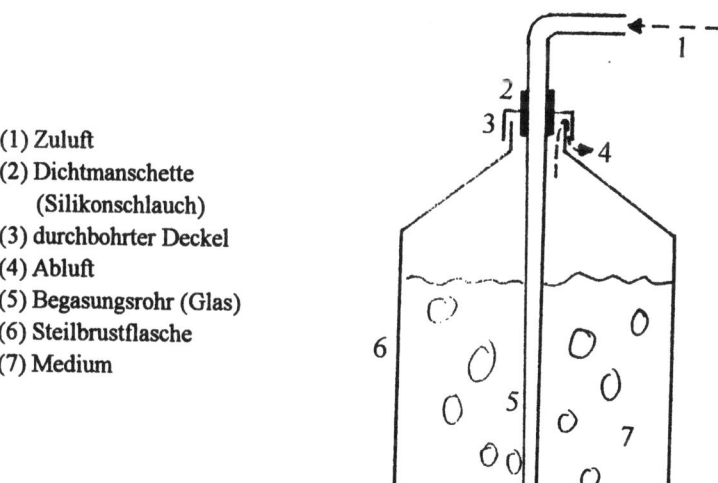

Abb. A 2.9: Begaste Steilbrustflasche als Bioreaktor-Ersatz

Beim Umgang mit Bioreaktoren stellen sich material- (z.B. Glasbruch) und antriebsbedingte (E-Motoren, drehende Wellen) Sicherheitsaspekte. Beim Autoklavieren bestehen zusätzliche Gefahren durch Hitze (vorwiegend entweichender Dampf, vgl. A 2.3.1). Hier ist wiederum der Laborleiter in der Pflicht, umfassend in die Handhabung der (oft sehr teuren) Fermenteranlagen einzuweisen, auf alle möglichen Gefahrenquellen hinzuweisen und die Einhaltung des sicheren Arbeitens zu überprüfen.

2.2.4 Vibromischer

Ein sehr häufig als Vibromischer bezeichnetes Gerät hat sich im Mikrobiologie-Labor zur Suspendierung kleiner Mengen bestens bewährt. Mittels eines von Elektromotoren angetriebenen exzentrisch gelagerten Gummibechers, in den das Ende eines Kulturröhrchens hineinpaßt, werden hohe Schlagfrequenzen erzeugt. Wird in diesen Gummibecher ein mit nicht löslichen Stoffkomponenten und Wasser gefülltes Glasröhrchen gedrückt und der Vibromischer betrieben, findet eine weitgehende Suspendierung der Stoffe im Wasser statt. Dieser Suspensionseffekt läßt sich auch mit kleinen Kölbchen oder Bechergläsern erreichen, indem man diese feste an den Außenrand des Gummitrichters drückt. Gute Geräte weisen neben einem schweren Metallfuß folgende Funktionseigenschaften auf:

- regelbare Schlagfrequenz

- automatischer Betrieb bei Druck auf den Gummibecher

- manueller Betrieb durch Druck auf einen nicht einrastenden Knopf

Bei einem so ausgestatteten Gerät sind keine sicherheitsrelevanten Aspekte zu berücksichtigen.

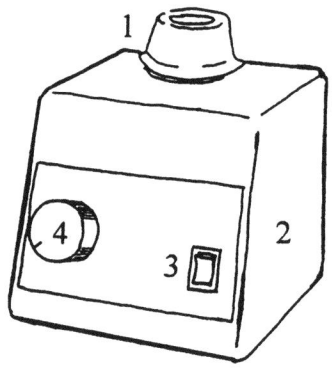

(1) Gummibecher
(2) massiver Block
(3) Schalter (Ein/Aus permanent/automatisch)
(4) Potentiometer zur Regelung der Schlagfrequenz

Abb. A 2.10 : Vibromischer

2.2.5 Zentrifuge

Mit einer Zentrifuge lassen sich Stoffe in flüssigen Medien selbst bei sehr geringen Dichteunterschieden noch trennen. Dazu notwendig ist, daß die zu trennenden Stoffe in schnelle Bewegung versetzt werden. Je nach Dichte werden bei gleicher Bewegungsenergie unterschiedliche Geschwindigkeiten erreicht und damit die Trennung bewirkt. In einer Zentrifuge wird die Bewegungsenergie durch sehr schnelles Rotieren eines auf einer Achse zentral befestigten Rotors erzeugt. Der Rotor ist so gestaltet, daß Glas- oder Kunststoffbehälter oder Edelstahlbecher darin bzw. daran befestigt werden können. In den Behältnissen befindet sich das zu separierende Gut in einer flüssigen Matrix. Nach dem Zentrifugieren hat sich das Gut von der Matrix vollständig getrennt und befindet sich als schwererer Stoff unterhalb, als leichterer Stoff oberhalb der Matrix. Durch Dekantieren lassen sich nun beide Komponenten trennen.

Mikroorganismen lassen sich mit einer Zentrifuge aus wässriger Lösung nahezu vollständig abtrennen. Somit ist die Zentrifugation eine Methode der Biomasse-Separation und damit der Biomasse-Bestimmung. Nach sauberem Abdekantieren des wässrigen Überstandes läßt sich durch Differenzwägung mit dem leeren Zentrifugengefäß der Biomasseanteil gravimetrisch messen.

Es gibt eine außerordentlich große Anzahl unterschiedlicher Zentrifugen, die von der handbetriebenen Tischzentrifuge bis zur temperierten Ultrazentrifuge reicht. Für die im Praktikum geforderten Ansprüche ist eine einfache, nicht temperierbare Zentrifuge ausreichend, die eine Beschleunigung von ca. 2000 x g (siehe vorhandene Zentrifuge und benutzten Rotor) ermöglicht und mit einer Zeitschaltuhr oder Festeinstellung ausgestattet ist, die eine 20minütige Laufzeit erlaubt.

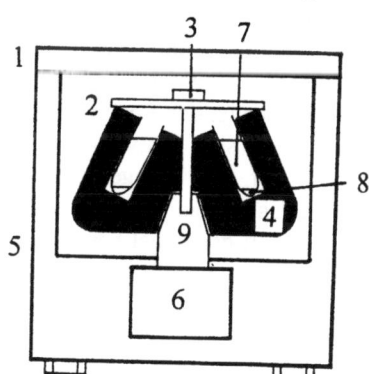

(1) Zentrifugendeckel
(2) Rotordeckel
(3) Deckelverschraubung
(4) Rotor (5) Gehäuse
(6) Antrieb
(7) flüssiger Überstand
(8) abgesetzter Feststoff
(9) Welle mit Konus

Abb. 2.11 : Aufbau einer Laborzentrifuge (schematischer Querschnitt)

Moderne Zentrifugen sind so ausgestattet, daß alle sicherheitsrelevanten Aspekte bei der Handhabung und beim Betrieb des Gerätes bereits berücksichtigt sind. Bei älteren Geräten ist besondere Vorsicht angebracht. Genaues Austarieren der

Zentrifugenbecher, Einsatz geeigneter Rotoren und dazu passender Becher oder Röhrchen, sorgfältiges Schließen der Rotorabdeckung und des Zentrifugenverschlusses können unliebsame Unfälle und Zerstörungen verhindern. Dies trifft besonders bei großen Geräten zu. Daher soll der eigentlich schon als überflüssig anzusehende Vermerk wiederholt werden: Eine sachgerechte Einweisung in Betriebsweise und Handhabung der Zentrifuge ist zwingend erforderlich.

2.3 Thermische Geräte

Zum "Kochen" von Nährmedien und zur Sterilisation sowie zur Bebrütung von Kulturen werden in der Regel Heiz- und Klimageräte im Labor eingesetzt. Im folgenden sind die wichtigsten Geräte vorgestellt.

2.3.1 Autoklav

Mikroorganismen sind empfindlich gegenüber feuchter Hitze und lassen sich bei hohen Temperaturen abtöten. Um Bakterien und Pilze sowie deren Sporen sicher abtöten zu können, müssen diese für eine ausreichende Zeit einer Wasserdampf-Atmosphäre über 100 °C ausgesetzt werden. Diese Bedingungen lassen sich durch Abkochen (Erhitzen bis 100 °C in Wasser) nicht erreichen. Um Wasser über 100 °C aufheizen zu können, muß das Aufheizen unter Überdruck erfolgen. Diese Bedingungen sind in einem Autoklaven zu erzeugen. Abbildung A 2.12 zeigt einen Schnitt durch einen heute üblichen Standautoklaven.
Das Gerät ist von einem Druckmantel (2) umgeben. Selbst der Deckel (1) und die Verschlußeinrichtung ist druckfest ausgelegt. Im Wasservorratsbehältnis (12) im unteren Bereich des Autoklaven wird entsalztes Wasser (geringe Leitfähigkeit ist meist notwendig) eingeführt und mit dem Heizstab (5) aufgeheizt. Während des Aufheizprozesses ist des Regelventil (13) geöffnet, um die im Gefäß befindliche Luft und den sich entwickelnden Wasserdampf abzulassen. Erst wenn sichergestellt ist, daß die gesamte Luft durch den Wasserdampf ausgetrieben wurde, wird das System geschlossen und durch weiteres Aufheizen ein Überdruck aufgebaut, der in der Regel bei einem Bar eingestellt ist. Dieser Druckwert und der damit korrelierende Temperaturwert (ca 121 °C) wird über die Steuereinheit (10) geregelt. Dazu wird mit dem Temperaturfühler (7) die Temperatur im Autoklaven gemessen und mit einem in der Steuereinheit untergebrachten und durch die Druckverbindung (9) mit dem Autoklaven verbundenen Manometer der Druck erfaßt und mit den eingestellten Sollwerten verglichen.
Nach einer vom Volumen und Bewuchs abhängigen Autoklavierzeit (20 bis 120 Minuten) wird (automatisch) der Heizprozeß unterbrochen. Das System kühlt nun langsam ab. Erst wenn das Manometer keinerlei Überdruck mehr anzeigt, kann der Autoklav gefahrfrei geöffnet werden. Moderne Autoklaven sind so gesteuert, daß Verbrennungen nahezu ausgeschlossen sind. Da aber immer noch alte Geräte

betrieben werden, soll hier auf die von solchen Geräten ausgehenden und durch falsche Handhabung hervorgerufenen Gefahren aufmerksam gemacht werden. Trotz der eigentlich einfachen Bedienungsweise moderner Autoklaven kommt es sehr häufig zu schweren Verbrühungen oder Verbrennungen.

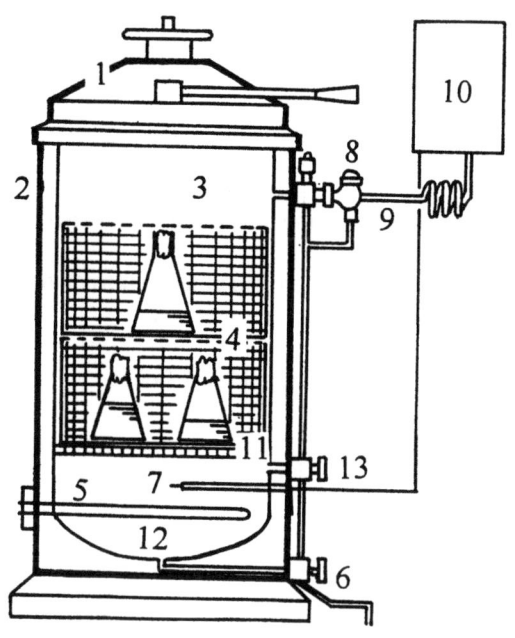

(1) Druckkessel (2) Druckmantel (3) Dampfraum (4) Drahtkörbe mit Sterilisiergut (5) Heizstab (6) Abflußrohr mit Ventil (7) Temperaturfühler mit Verbindung zum Steuergerät (8) Überdruckventil (9) Druckleitung mit Verbindung zum Steuergerät (10) Steuergerät (11) Siebboden (12) Wasservorratsbehälter (13) Regelventil

Abb. A 2.12 : Schnitt durch einen Autoklaven

Das gesammte Druckgefäß aus Edelstahl heizt sich während des Autoklaviervorganges stark auf. Bereits leichte Berührungen mit ungeschützter Haut (kurzärmelige Hemden und Blusen, aufgewickelte Kittelärmel) können unangenehme Brandwunden zur Folge haben. Besonders häufig sind Verbrühungen zu beobachten, weil in der Eile vor oder direkt nach Erreichen des Umgebungsdruckes der Deckel geöffnet wird und kochender Dampf entweicht. Aber auch das unsachgemäße Öffnen des Dampfablaß-Ventils (zu schnell, zu weit) führt oft zu schwewiegenden Verbrühungen. Selbst wenn der Autoklav nur noch geringe Wärme abgibt und kein Dampf mehr entweicht, lauern noch "heiße" Gefahren im Innern. Die Medien kühlen wesentlich langsamer ab als die Umgebungsluft. Die Entnahme sterilisierter Medien ohne geeigneten Handschutz kann ebenfalls unangenehme Brandverletzungen mitsichbringen. Das anschließende Fallenlassen des Gefäßes und die notwendige Entfernung des Glasbruchs von nassem Boden wird darüberhinaus noch eine Gefahr für Unbetroffene. Nicht verschwiegen werden darf auch die Gefahr, die durch abspringende Gefäßverschlüsse wie Korken, Gummi- und Glasstopfen, Alu-Kappen und Zellstoffstopfen hervorgerufen werden, die auf Siedeverzüge bei zu schnellem Abdampfen des Autoklaven zurückzuführen sind. Allein das Erschrecken über diesen Effekt kann unangenehme Folgen haben.

Beim Autoklavieren sollen folgende Regeln beachtet werden:

- Einweisung und Sicherheitsbelehrung durch den Laborleiter

- Autoklavierprozesse frühzeitig starten, nie unter Zeitdruck den Autoklavierprozeß beenden oder gar unterbrechen

- nur im Beisein eines anderen einen Autoklaven benutzen

- in unsicheren Situationen und nach Unfällen unverzüglich den Laborleiter informieren

2.3.2 Trockenschrank

Während Medien und sie umschließende Gefäße in feuchter Hitze (im Autoklaven) sterilisiert werden, kann man Gefäße oder Geräte aus Glas- oder Edelstahl bei trockener Hitze in einem Trockenschrank sterilisieren. Dazu muß der Trockenschrank eine Temperatur von 160 bis 180 °C erreichen. Das zu sterilisierende Gut ist mit einem geeigneten Verschluß zu verschließen oder in ein umhüllendes Gefäß (Alu- oder Stahldose) zu geben und mindestens 60 Minuten bei der vorgegebenen Temperatur im Trockenschrank zu verwahren. Danach sollte die Temperierung abgestellt werden und sich das gesamte System auf Raumtemperatur abkühlen. Danach kann das sterile Gut entnommen und benutzt werden.

In einem Trockenschrank lassen sich auch feuchte Materialien bis zum nahezu vollständigen Wasserverlust (Gewichtskonstanz) trocknen. Damit ist die Bestimmung der Trockenmasse in einer Feststoff- oder Mikroorganismen-Suspension möglich. Dazu verbleibt das Probenmaterial bei 105 °C für mehrere Stunden im Trockenschrank. Sind in der Probe bei dieser Temperatur entweichende Schadstoffe enthalten, so muß der Trockenschrank mit einer Be- und Entlüftungsanlage ausgerüstet sein. Die Abluft muß entweder gereinigt (z.B. AK-Filtration) oder durch ein geeignetes Belüftungssystem aus dem Labor entfernt werden.

Wie bei allen thermischen Geräten ist auch der Trockenschrank eine häufige Quelle für Verbrennungen. Dabei ist in aller Regel die Ungeduld des Operateurs, der aus dem noch heißen Schrank das noch heißere Gut ohne geeigneten Schutz für Hände und Arme entnehmen will, Ursache für diese Verletzungen.

2.3.3 Brutschrank

Zur Bebrütung von Mikroorganismen bei definierten (Temperatur)-Bedingungen ist ein Brutschrank oder Brutraum erforderlich, der durch Heiz- und Kühlanlage Temperaturen im Bereich von 15 bis 37 °C konstant hält. In der Umweltmikrobiologie wird häufig mit Temperaturen im Bereich von 20 bis 25 °C gearbeitet. Nicht bewegte Mikroorganismen-Kulturen wie Standkulturen in Kölbchen oder Agarplatten werden im Brutschrank aufbewahrt. Durch die gleichbleibenden Bedingungen lassen sich so reproduzierbare Ergebnisse bei der Arbeit mit lebenden Mikroorganismen erreichen.

Es werden auch Brutschränke angeboten, die über die Temperierung hinaus konstante Umweltbedingungen wie umgebende Atmosphäre oder Lichteinstrahlung ermöglichen, wobei diese Bedingungen konstant gehalten oder rechnergesteuert gezielt verändert werden.

Als sicherheitsrelevanter Aspekt läßt sich zum Brutschrank neben dem Sauberhalten vor allem auf die Ausbreitung entgasender Schadstoffe hinweisen. Die für das Praktikum notwendigen einfachen Brutschränke weisen meist eine regelbare Öffnung an der Hinterwand auf. Diese Öffnung sollte vollständig geöffnet sein und für eine gute Belüftung des Laborraumes gesorgt werden.

2.3.4 Kühlschrank

Zur Aufbewahrung wärmeempfindlicher Chemikalien (z.B. Enzyme, Teststreifen) und zur Lagerung verderblicher Medien einerseits, aber auch zur Haltung von zuvor bebrüteten und durch Kälteeinwirkung (+ 4 °C) im Wachstum gehemmte Mikroorganismen-Kulturen ist (mindestens) ein Kühlschrank im Mikrobiologie-Labor erforderlich.

Durch die Verringerung des Dampfdruckes empfielt es sich auch oft, Schadstoffe enthaltende Proben und Medien in einem Kühlschrank oder Kühlraum zu lagern. Dabei muß darauf geachtet werden, daß sich keine schadstoffangereicherte Atmosphäre im Kühlschrank entwickelt. Diesem Effekt ist durch tägliches Öfnen der Tür (geschieht ohnehin in der Regel mehrmals täglich) und durch intensiveres Auslüften nach Wochenenden oder Urlaubszeiten zu begegnen.

2.3.5 Bunsenbrenner

Da der Bunsenbrenner ein unverzichtbares Gerät im Mikrobiologie-Labor ist, von dem eine große Gefahr ausgeht, soll dieses "Kleingerät" hier besonders behandelt werden.

In einem recht einfach konstruierten Mischrohr wird Brenngas unter Zuführung von Luft verbrannt. Durch Regelung der Gaszuflußmenge und der Gas-Luft-Mischung lassen sich unterschiedlich große und heiße Flammen erzeugen.

In aller Regel wird der Bunsenbrenner im Labor für das Ausglühen von Impfnadeln oder -ösen sowie zum Abflämmen von Glasspateln benutzt. Während für das Ausglühen eine möglichst heiße Flamme benötigt wird, sollte zum Abflämmen eine möglichst kleine Flamme erzeugt werden. Es ist daher wichtig, einen Bunsenbrenner zu betreiben, der mit einem Hebelventil ausgestattet ist, das durch einen einfachen Handgriff aus der gefährlichen Heißflamme eine nahezu ungefährliche Ruheflamme macht. Vorteil dieses einfachen Hilfsmittels ist neben der Senkung der Verbrennungsgefahr eine deutliche Einsparung an Gas und (in der Sommerzeit) eine geringere Aufheizung des Laborraumes. Wichtiges Kriterium ist auch die Standfestigkeit und die Schlauchverbindung. Der Brennerfuß sollte möglichst groß und schwer sein. Als Schlauchverbinder zwischen Entnahmeventil und Bunsenbrenner sollten unbedingt geeignete Sicherheitsschläuche Verwendung finden. Poröse Gummischläuche sollten sofort ausgewechselt werden.

Bei großer Flamme geht von einem Bunsenbrenner eine ganz beträchtliche Gefahr aus. Lange Haare, wallende Kleidung und offene Kittel (vor allem aus Kunststoffen) können verbrennen oder verschwelen, ohne daß die Flamme selbst berührt wurde. Der Betrieb offener Flammen und die gleichzeitig (unerlaubte) Nutzung brennbarer, leicht entzündlicher oder gar explosiver Chemikalien im Labor können zu Katastrophen führen. Gerade der selbstverständliche Betrieb von Bunsenbrennern in mikrobiologischen Laboratorien stellt somit eine besondere, weil auf Routine beruhende, Gefahr dar.

Es sollte damit folgende Richtlinie für das Arbeiten mit Bunsenbrennern gelten:

- Der Bunsenbrenner ist nur dann zu betreiben, wenn es aus arbeitstechnischen Gründen erforderlich ist.

- Die große Flamme wird ausschließlich zum Ausglühen des Impfwerkzeuges genutzt. Nach diesem Vorgang ist die Ruheflamme einzustellen.

- Nach Beendigung des Arbeitsganges ist der Bunsenbrenner abzustellen.

- Auf das ordnungsgemäße Verschließen des Gas(sicherheits)ventils ist zu achten.

Es empfiehlt sich, nach Abschluß der Arbeiten mit Gas das Laborsicherheitsventil zu schließen.

Besondere Verhältnisse sind beim Arbeiten unter einer Clean-bench zu beachten. Da der Zugriff zu Geräten eingeschränkt und durch die enge Raumsituation meist behindert ist, sollte hier ein mit einer Fußregelung versehener Bunsenbrenner eingesetzt werden. Solche Brenner sind so ausgestattet, daß sie nach Gebrauch vollständig ausgehen und durch eine Piezo-Zündung bei Betätigung des Fußreglers automatisch wieder aktiviert werden. Neue Versionen sind sogar mit Sensoren zur Regelung ausgestattet, die bei Hinführung der Impföse über die Brenneröffnung automatisch die Flamme zünden.

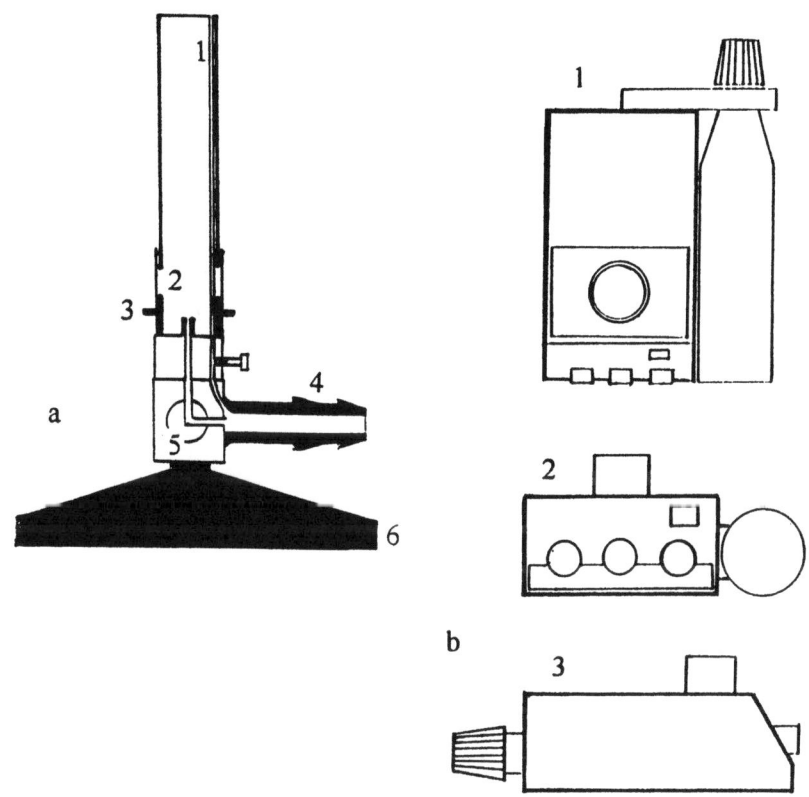

a) einfacher Bunsenbrenner : (1) Röhrchen für Pilotflamme (2) Luftschlitze
(3) Drehring zur Luftregulierung (4) Stutzen für Druckschlauch
(5) Auf/Zu-Ventil für Brenngas (6) Fuß
b) moderner Sensorbrenner mit Gaskatusche : (1) Aufsicht (2) Frontansicht
(3) Seitenansicht

Abb. A 2.13 : Bunsenbrenner

2.4 Chemisch-physikalische Meßgeräte

Die Erfassung physikalischer und chemischer Parameter sind häufig zur Beschreibung mikrobieller Prozesse unerläßlich. Daher ist es unabdingbar, daß entsprechende Geräte vorhanden sind und die Bestimmungsmethoden im Mikrobiologie-Labor durchgeführt werden können.

2.4.1 pH-Meter

Zur Einstellung von pH-Werten in Medien und zur Feststellung von pH-Änderungen durch mikrobielle Prozesse (Freisetzung organischer Säuren, Alkalisierung durch Autolyse u.a.) hat sich der Einsatz von pH-Metern mit entsprechenden pH-Elektroden bewährt. Zwar ist in vielen Fällen eine Überprüfung des pH-Wertes mit pH-Indikatorpapier ausreichend, eine Elektrodenmessung ist jedoch sehr viel genauer und erlaubt damit die Feststellung kleinster Schwankungen.
Es gibt eine große Anzahl unterschiedlicher pH-Meter, die sich in der Energieversorgung (Netz, Batterie), Anzeigetechnik (analog, digital), Temperaturabhängigkeit (manuelle, automatische Temperaturkompensation), Meßbereich, Genauigkeit und Kalibrierungsart unterscheiden. Für die nachfolgend beschriebenen Versuche reichen einfache pH-Meter mit Einstabmeßketten als Elektroden in einem Meßbereich von 2 bis 12 aus.

2.4.2 CSB-Meßplatz

Der in der Umwelttechnik wohl bedeutendste chemische Summenparameter ist der mit CSB (im anglo-amerikanischen Sprachgebrauch COD = chemical oxygen demand) abgekürzte chemische Sauerstoffbedarf zur Oxidation aller Inhaltsstoffe in einer Flüssigkeitsprobe mit einem chemischen Oxidationsmittel. Die Wichtigkeit dieses Summenparameters bei der Beurteilung der Wasserqualität und der Leistungsfähigkeit von Abwasserbehandlungs-Anlagen hat dazu geführt, daß zur Objektivierung der Meßmethode Standardverfahren (DIN 38409) erstellt wurden, die in den DEV-Vorschriften H 41, H 43 und H 44 fixiert sind. Da im Praktikum selbst keine "gerichtsverwertbaren" Daten erstellt werden müssen, kann hier jedes taugliche CSB-Meßverfahren Anwendung finden.
Die Definition des CSB-Wertes ist die volumenbezogene Masse an Sauerstoff (O_2), die der Masse an Kaliumdichromat ($K_2Cr_2O_7$) als chemisches Oxidationsmittel äquivalent ist, die unter den Arbeitsbedingungen des Meßverfahrens mit den in der Wasserprobe enthaltenen oxidierbaren Stoffen reagiert.

$$1 \text{ mol } K_2Cr_2O_7 = 1 \text{ mol } O_2$$

Die Grundlagen des Meßverfahrens lassen sich wie folgt kurz darstellen:
Die zu bestimmende Probe wird mit Kaliumdichromat als Oxidationsmittel unter Beteiligung von Silbersulfat als Katalysator in stark schwefelsaurer Lösung unter definierten Bedingungen erhitzt. Die nach der Reaktion in der Flüssigkeitprobe verbleibenden Dichromat-Ionen werden mit Eisen(II)-Ionen maßanalytisch bestimmt.
Die zur CSB-Bestimmung benötigten Geräte werden in ihrer Gesamtheit als Meßplatz bezeichnet. Im einzelnen sind dies für die DEV-Methode H 41:

- Heizvorrichtung (elektrischer Heizblock) mit definierten Aufheizbedingungen (gleichmäßiges Aufheizen im Reaktionsgefäß mit Erreichen des Siedepunktes bei 148 °C innerhalb von 10 Minuten)
- Reaktionsgefäße mit Rückflußkühler (Nennvolumen maximal 250 ml, Verbindungen mit Normschliffen)
- Thermometer für den Temperaturbereich 140 bis 160 °C
- Meßkolben (100 und 1000 ml Volumen)
- diverse (Voll)Pipetten oder Dispenser (5, 10, 20, 25 ml)
- Dispenser (50 ml)
- Bürette (20 bis 25 ml)
- Glasflasche (1000 ml) zum direkten Aufsetzen des Dispensers geeignet
- Pinzette, Siedehilfen (z.B. aufgerauhte Glasperlen)

Da die Bestimmung des CSB von hoher Wichtigkeit in der Umwelttechnik ist, soll hier das Meßverfahren genauer dargestellt werden. Als Vorgehensbeispiel wird hier auf die H 41-Vorschrift eingegangen. Werden andere Verfahren bei den Versuchen eingesetzt, müssen die entsprechenden Änderungen des Meßverfahrens angegeben und berücksichtigt werden.
Für die Messung werden folgende Chemikalien (Reinheitsgrad "zur Analyse", pA-Qualität, bidestilliertes Wasser) benötigt:

- Schwefelsäure, H_2SO_4, Dichte = 1,84 g/ml
- silbersulfathaltige Schwefelsäure, 10 g Ag_2SO_4 werden in 35 ml Wasser unter portionsweiser Zugabe von 965 ml Schwefelsäure gelöst, mindestens einen Tag vor Gebrauch ansetzen
- quecksilbersulfathaltige Kaliumdichromat-Lösung, 80 g $HgSO_4$ werden in 800 ml Wasser und 100 ml Schwefelsäure (s.o.) gelöst. In der kalten Quecksilbersulfat-Lösung werden 5,884 g $K_2Cr_2O_7$ (2 Stunden bei 105 °C getrocknet) gelöst und mit Wasser auf 1000 ml aufgefüllt
- Kaliumdichromat-Lösung, 5,884 g $K_2Cr_2O_7$ (getrocknet, s.o.) werden in Wasser gelöst und auf 1000 ml aufgefüllt

- Ammonium-eisen(II)-sulfat-Lösung, 47,1 g $(NH_4)_2Fe(SO_4) \times 6\ H_2O$ werden in Wasser gelöst. Die Lösung wird mit 20 ml Schwefelsäure (s.o.) versetzt und nach Abkühlung auf Raumtemperatur mit Wasser auf 1000 ml aufgefüllt, der Titer der Lösung ist vor dem Gebrauch zu bestimmen

Zur Titerbestimmung werden 10 ml Kaliumdichromat-Lösung mit Wasser auf 100 ml verdünnt und mit 30 ml Schwefelsäure versetzt. Die Lösung wird nach Abkühlen und Zugabe von zwei Tropfen Ferroin-Indikator-Lösung (s.u.) mit Ammonium-eisen(II)-sulfat-Lösung titriert. Die Konzentration der Lösung wird nach folgender Gleichung berechnet:

$$c = \frac{V_V * c_D * f}{V_T}$$

Dabei bedeuten:

c	=	Konzentration der Ammonium-eisen(II)-sulfat-Lösung, mol/l
V_V	=	vorgelegtes Volumen der Kaliumdichromat-Lösung, ml
c_D	=	Konzentration der vorgelegten Kaliumdichromat-Lösung, mol/l
f	=	Äquivalenzfaktor (hier f = 6)
V_T	=	Volumen der bei der Titration verbrauchten Ammonium-eisen(II)-sulfat- Lösung, ml

- Ferroin-Indikator-Lösung, 1,485 g 1.10 Phenanthrolinhydrat und 0,980 g Ammonium-eisen(II)-sulfat-Hexahydrat werden in Wasser gelöst und auf 1000 ml aufgefüllt, dunkel lagern
- Kaliumhydrogenphthalat-Lösung, 0,170 g Kaliumhydrogenphthalat (zwei Stunden bei 105 °C getrocknet) werden in Wasser gelöst und nach Zugabe von 5 ml Schwefelsäure (s.o.) auf 1000 ml aufgefüllt, im Kühlschrank eine Woche haltbar

Zur Durchführung sind die o.a. Chemikalien bereitzustellen und nur absolut fettfreie und saubere Geräte zu benutzen. Die nachfolgend beschriebene Prozedur sollte als Blindprobe mit Wasser als Zusatz mit durchgeführt werden.

20 ml der Analysenprobe werden in das Schliffgefäß (1) pipettiert und nach Zusatz der Siedehilfen (Pinzette benutzen) mit 10 ml der quecksilbersulfat-haltigen Kaliumdichromat-Lösung versetzt und gut vermischt. Anschließend werden 30 ml der silbersulfathaltigen Schwefelsäure langsam und unter gutem Durchmischen zugegeben. Dabei wird durch Abkühlung unter fließendem Kaltwasser oder Kühlung im Eisbad eine Überhitzung und das Entweichen leichtflüchtiger Stoffe vermieden. Nach Aufsetzen des Kühlers (2) wird das Reaktionsgemisch innerhalb von 10 Minuten zum Sieden gebracht und weitere 110 Minuten bei Temperaturen

von 148 + 3 °C im Reaktionsgefäß weiter gekocht. Nach Abkühlen des Reaktionsgemisches unter eine Temperatur von 60 °C wird der Kühler mit Wasser gespült; der Gefäßinhalt wird mit Wasser auf mindestens 100 ml verdünnt und auf Raumtemperatur abgekühlt. Nach Zugabe von 2 Tropfen Ferroin-Indikator-Lösung wird das noch vorhandene Kaliumdichromat mit Ammonium-eisen(II)-sulfat-Lösung titriert, bis die Farbe von blaugrün nach rotbraun umschlägt.

$$O = \frac{c * f}{V_P} (V_B - V_E)$$

Hierbei bedeuten:

O = Chemischer Sauerstoffbedarf (CSB) ausgedrückt als Sauerstoff, mg/l
c = Konzentration der Ammonium-eisen(II)-sulfat-Lösung, mol/l
f = Äquivalenzfaktor (hier f = 8000 mg/mol)
V_B = Volumen bei der Blindprobe verbrauchten Ammonium-eisen(II)-sulfat-Lösung, ml
V_E = Volumen der bei der Analysenprobe verbrauchten Ammonium-eisen(II)sulfat- Lösung, ml
V_P = Volumen der bei der Untersuchung eingesetzten Wasserprobe, ml, (gegebenenfalls unter Angabe der Anzahl n der Verdünnungsschritte:

$$V_P = \frac{20}{2^n}$$

Das beschriebene Prozedere ist nur dann sinnvoll, wenn CSB-Werte von >15 mg/l bis <300 mg/l O_2 gemessen werden. Bei zu hohen Ausgangswerten ist durch geeignete Verdünnung der vorgegebene Meßbereich einzustellen. Des weiteren dürfen im Probenmaterial Chlorid-Ionen-Gehalte von 1 g/l nicht überschritten werden, da nur bis zu diesem Bereich durch das Quecksilbersulfat die Chlorid-Ionen maskiert werden. Bei höheren Chlorid-Konzentrationen ist durch Ausgasung von Chlorwasserstoff aus schwefelsaurer Lösung und Abfangen mit Calciumhydroxyd ein Wert von unter 1 g/l einzustellen.
Bei der Bestimmung des CSB fallen mit Quecksilber und Chromat hochgiftige Abfallstoffe an. Eine sachgerechte Entsorgung über die in A 1.1.4 angesprochene Schadstoffentsorgung hinaus ist hier notwendig. Viele Anbieter von CSB-Meßgeräten haben Entsorgungspatronen mit einem Ionenaustauscher als Rückhaltesystem im Angebot. Bei häufiger Benutzung von CSB-Meßgeräten gehört ein solches Entsorgungssystem zum CSB-Meßplatz. Nahezu alle Hersteller von Küvettentest-Systemen zur CSB-Bestimmung nehmen die gebrauchten Küvetten zur Entsorgung zurück. Hiervon sollte regelmäßig Gebrauch gemacht werden.

Da alle Geräte eines CSB-Meßplatzes zur Bestimmung benötigt werden, sollte es selbstverständlich sein, daß man Einzelkomponenten nicht vom Meßplatz entfernt.

Eine Einweisung in jedes einzelne Gerät und in das Zusammenwirken der Komponenten ist dringend erforderlich. Als Sicherheitsaspekte treten die im Thermoblock erzeugte und auf die Glaskühler weitergegebene Hitze, der Umgang mit hochgiftigen Chemikalien und die Gefahr schwerer Verätzungen durch Schwefelsäuren hervor. Es ist unbedingt das Tragen einer Schutzbrille und die Benutzung von Schutzhandschuhen erforderlich.

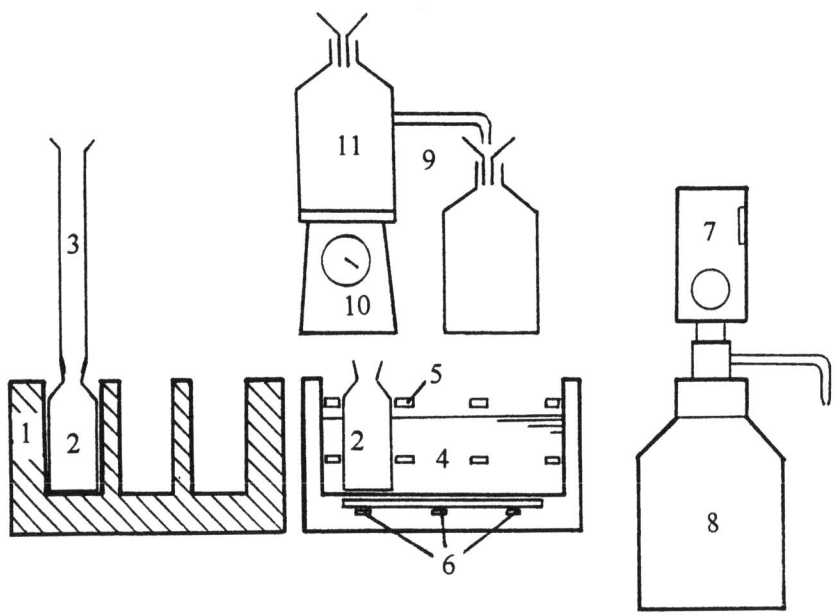

(1) Thermoblock mit Zeitschaltuhr (2) Reaktionsgefäß (3) Luftkühler
(4) Wasserbad (5) Haltegestell (6) Magnetrührer (7) Bürette
(8) Vorratsbehälter für Titrierlösung (9) Regenerierstation (10) Waage
(11) Selektivaustauscher

Abb. A 2.14 CSB-Meßplatz

2.4.3 TOC-Meßgerät

Zur Bestimmung der Konzentration organischer Verbindungen wird sehr häufig der TOC-Wert (Total Organic Carbon = Gesamtkohlenstoffgehalt organischer Verbindungen) vorwiegend in wässrigen Lösungen gemessen. Dabei wird eine Probe in einem Ofen bis ca 600 °C erhitzt und unter Mitwirkung eines sators alle organischen Bestandteile vollständig bis zum CO_2 oxidiert. Das gebildete Kohlendioxid wird IR-spektrometrisch erfaßt und so der organische Anteil gemessen. Wird der entstandene Glührückstand weiter erhitzt, so werden auch die anorganischen Kohlenstoffverbindungen zu Kohlendioxid oxidiert und ebenfalls IR-spektrometrisch erfaßt. Damit ist der gesamte Kohlenstoffanteil einer Probe zu bestimmen. Durch Abzug des anorganischen Kohlenstoffgehaltes (TIC = Total Inorganisc Carbon) vom Gesamtkohlenstoffgehalt (TC = Total Carbon) erhält man den organischen Kohlenstoffanteil (TOC).

$$TC - TIC = TOC$$

Wird zur Charakterisierung einer Wasserprobe ausschließlich der darin gelöste Anteil organischer Kohlenstoffverbindungen (DOC = Dissolved Organic Carbon) benötigt, so wird durch Filtration in einem Membranfilter mit einer Porengröße von O,2 um alle größeren suspendierten Partikel abgesondert und anschließend im TOC-Analysator die Probe bemessen.

Da es eine Vielzahl unterschiedlicher TOC-Analysatoren gibt, ist es hier nicht sinnvoll, das Probenaufgabe- und Meßprozedere vorzustellen. Es muß auf die Betriebsanleitung bzw. das Handbuch des Herstellers des TOC-Analysators verwiesen werden. Als Beispiel für die Meßvorrichtung ist das Fließdiagramm eines Hochtemperatur-TOC-Analysengerätes in Abb. A 2.15 dargestellt.

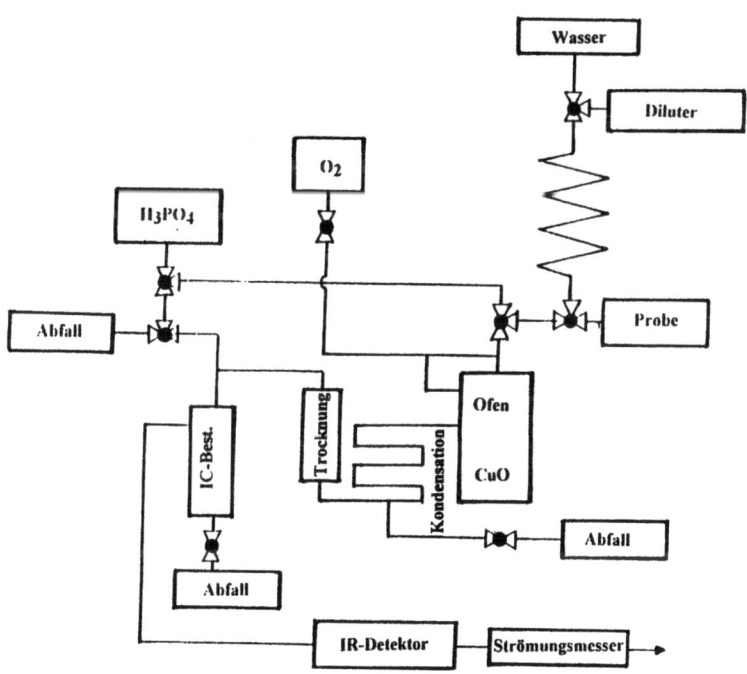

Abb. A 2.15 : Fließschema eines TOC-Analysengerätes

2.5 Glasgeräte

Glas ist ein in der Mikrobiologie häufig benutztes Material. Es ist chemisch und mikrobiologisch inert, weist gute thermische Eigenschaften auf, ist auf Grund der glatten Oberfläche leicht zu reinigen und zu sterilisieren und läßt durch die Durchsichtigkeit optische Beobachtungen zu. Nahezu alle Kulturgefäße sind aus Glas gefertigt.
Enghals-Erlenmeyerkolben (Abb. A 2.16 1) werden in unterschiedlichen Größen (100 bis 2000 ml) für Stand- und Schüttelkulturen benutzt. Zum besseren Sauerstoffeintrag können Schikanen (Abb. A 2.16 2) mit strömungsbrechenden Eigenschaften eingebaut sein.

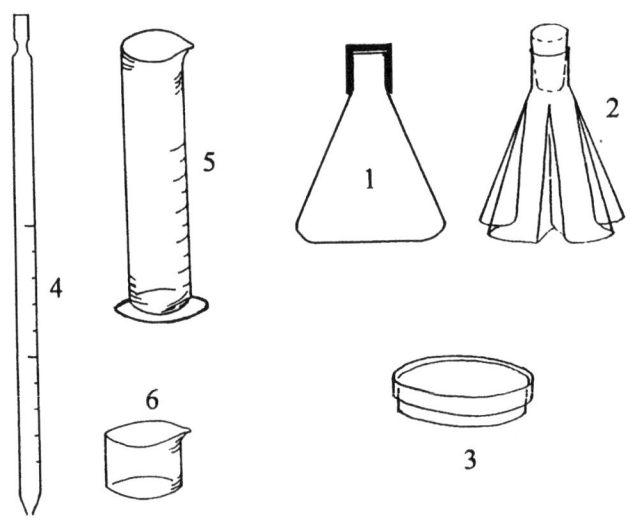

(1) Erlenmeyerkolben mit Schraubverschluß (Schnitt) (2) Erlenmeyerkolben mit Strömungsbrechern und Wattestopfen (3) Petrischale (4) Pipette (5) Meßzylinder (6) Becherglas

Abb. A 2.16 : Glasgefäße zur Kultivierung von Mikroorganismen und Glasgeräte im Mikrobiologielabor

Kulturröhrchen bestehen im Gegensatz zu Reagenzgläsern aus relativ dicken Wänden und haben keine Bördelkante. Daher sind sie, wie auch die Kolben, mit einfachen Wattestopfen oder mit Aluminium-Kappen steril zu verschließen. Werden leichtflüchtige Stoffe eingesetzt oder muß das Entweichen von Wasser vermieden werden, können mit dichten Schraubverschlüssen ausgestattete Röhrchen oder Kolben Verwendung finden (vgl. Abb. A 2.16 1 und 2).

Der Einsatz von Glaspetrischalen (Abb. A 2.16. 3) ist durch das Bereitstellen preiswerter steriler Kunststoffpetrischalen stark zurückgegangen. Gerade im Bereich der Umweltmikrobiologie bestehen Anwendungsbereiche, in denen Plastikschalen ungeeignet sind. So trüben Mineralölkomponenten das Material so stark ein, daß eine optische Auswertung solcher Platten nicht möglich ist. Damit wird ein Rückgriff auf die Glaspetrischalen erforderlich (vgl. C 2.2.5). Viele Hilfsmittel wie Voll-, skalierte Meß- und Pasteurpipetten, Bechergläser, Meßzylinder aber auch Rührstäbe und Spatel können aus Glas gefertigt sein (Abb. A 2.16).

Während dickwandiges Material durch Laien nur unzureichend mechanisch (Glasschneider) oder thermisch (Bunsenbrenner) bearbeitet werden kann, sind dünnwandige Teile durchaus gezielt zu verformen.

In Abbildung A 2.17 ist dargestellt, wie aus einer langen Pasteurpipette ein funktionstüchtiger Drigalkispatel herzustellen ist.

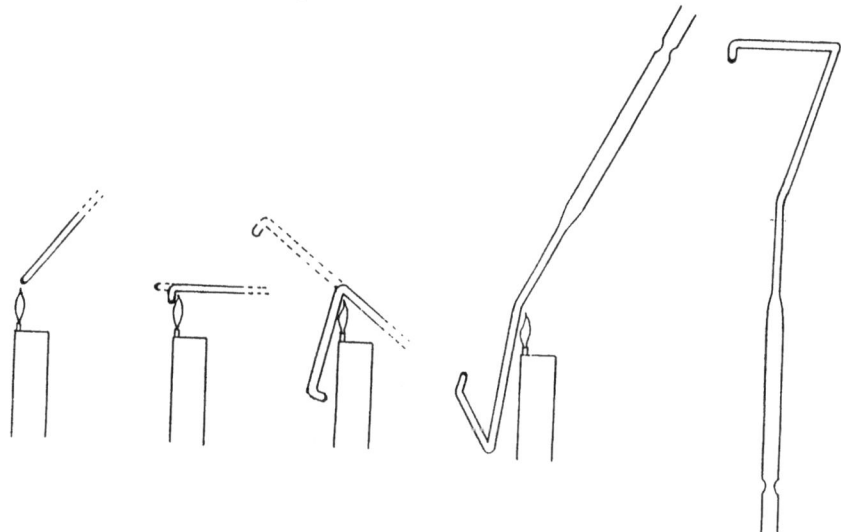

Abb. A 2.17 : Herstellen eines Drigalskispatels aus einer langen Pasteurpipette

Dieser Spatel kann natürlich nicht in einer großen Flamme steril geglüht werden. Hier ist lediglich ein Abflämmen mit Alkokol durch schnelles Hindurchziehen durch die kleine Bunsenflamme angezeigt. Das schnelle Zerbrechen oder Zersplittern von Glas bei Stoßbelastungen und die damit verbundenen Verletzungsgefahren stellen einen wichtigen Sicherheitsaspekt dar.

Besondere Anforderungen werden an die Beschriftung (vgl. B 3.1) von Glasgefäßen in der Mikrobiologie gestellt. Während normale Flaschen mit unsterilen Medien oder Reagenzien mit Etiketten oder einfachen Filzschreibern markiert werden können, empfiehlt es sich, bei zu autoklavierenden Gefäßen einen dicken schwarzschreibenden Filzstift zu benutzen. Die Beschriftung läßt sich später durch (umweltunverträgliches) Aceton abwischen, oder besser mit einem Scheuermittel abreiben.

2.6 Kleingeräte

Im Mikrobiologielabor haben sich besondere Kleingeräte zum Umgang mit Mikroorganismen bewährt. Ein wichtiges Gerät ist die Impföse oder Impfnadel. Abb. A 2.18 zeigt eine Impföse mit Kollehalter. Die Öse ist vorwiegend aus Edelstahl gefertigt. Für besondere Aufgaben wird auch Platindraht verwendet. Im medizinischen Bereich und für einige Routineuntersuchungen werden auch Einwegösen aus sterilem Plastik benutzt. Mittels einer Klemmvorrichtung (1) wird die Öse (2) durch Festdrehen einer Überwurfmutter am Kollehalter befestigt. Der Halter besitzt einen Isoliergriff (3), der beim Ausglühen der Drahtösen in der großen Bunsenflamme eine zu starke Erhitzung und damit Verbrennungen für den Operateur verhindert. Anstelle der Öse kann auch für besondere Techniken eine "Nadel", also ein einfacher ausgezogener Draht, mit dem Kollehalter verbunden werden.

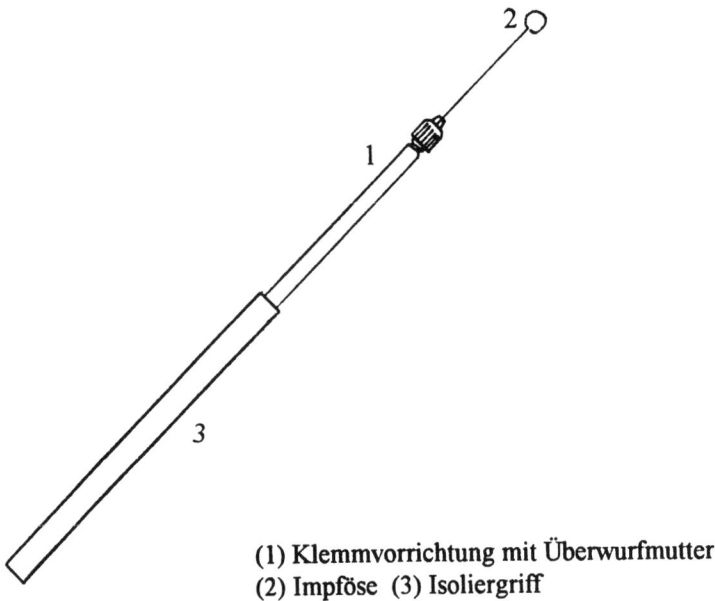

(1) Klemmvorrichtung mit Überwurfmutter
(2) Impföse (3) Isoliergriff

Abb. A 2.18 : Impföse mit Kollehalter

Für das oberflächliche Ausspateln von Suspensionen auf Agarplatten werden Drigalskispatel (vgl. 2.5) eingesetzt. Diese können aus Glas oder Edelstahl gefertigt sein. In der Regel werden die Spatel in feuchter oder trockener Hitze sterilisiert und unter sterilen Bedingungen gelagert, oder mit Alkohol in der kleinen Bunsenflamme abgeflämmt.

Als Besonderheit können Drehtische für das gleichmäßige Ausspateln von Suspensionen auf Agaroberflächen angesehen werden. Auf einem stabilen Dreibein aus schwerem Gußmaterial ist eine um die Horizontale frei drehbare Platte mit einem gut haftenden Gummi- oder Kunststoffbelag befestigt. Nach Aufgabe der auszuspatelnden Suspension wird nun unter ständigem Drehen der Platte mit dem Drehtisch diese gleichmäßig auf der Oberfläche verteilt. Der Umgang mit einem Drehtisch ist übungsbedürftig und nur bei häufiger Ausspatelung sinnvoll.

Pinzetten, Spatel, Löffel und Scherchen sind häufig benutzte Kleingeräte im Labor. Sie lassen sich in der Hitze sterilisieren. Alle diese Geräte können auch durch Abflämmen mit Alkohol ausreichend keimfrei gemacht werden.

Probennahmegefäße sollten aus chemischen Gründen bevorzugt aus Glas sein. Bei großen Probenmengen oder zum Transport durch unwegsames Gelände ist die Benutzung von Kunststoffgefäßen oft besser geeignet. Sollten sterile Proben notwendig sein, so sind sterilverpackte Einweggefäße zu benutzen. Bei größeren Proben, bei denen eine Berührung mit der Kunsstoffoberfläche mengenmäßig nicht ins Gewicht fallen und Kontaminationen mit Fremdkeimen eine untergeordnete Rolle spielen, sind Kanister oder Eimer mit festschließenden Deckeln oder Fässer geeignet.

2.7 Waagen

In einem auf umweltmikrobiologische Fragestellungen ausgerichteten Labor sollten drei Waagen vorhanden sein:

Analysenwaage. Dieser für das Abwiegen geringster Mengen (0,1 mg) geeignete Typ ist zur Erstellung von Spurenelementlösungen, Kleinansätzen und Abwiegen von nicht wasserlöslichen Schadstoffen, die als Feststoffe den Versuchsgefäßen zudosiert werden, erforderlich. Moderne Versionen sind durch gut handhabbare Schiebeverschlüsse und durch regelbare Empfindlichkeiten auch unter laufenden Abzügen zu benutzen. Analysenwaagen sind äußerst empfindliche elektromechanische Geräte. Sie sind nach sachgerechter Einweisung vorsichtig zu bedienen. Wichtigster Sicherheitshinweis ist, daß zur Abwägung von Schadstoffen geeignete Wägeschiffchen oder Wägepapier verwendet werden soll. Wird beim Wägevorgang schadstoffhaltiges Material verspritzt oder verschüttet, so ist für eine sorgfältige Reinigung zu sorgen.

Feinwaage. Dieser in fast allen chemischen, physikalischen und biologischen Laboratorien vorhandene Typ mit einem Wägebereich von 1 g bis 500 g bei einer

Genauigkeit von 0,1 g ist zur Erstellung normaler Medien einzusetzen. Bei diesen meist robusten elektro-mechanischen Geräten trifft vor allem das ordnungsgemäße Reinigen als Bedienungs- und Sicherheitsaspekt auf.

Grobwaage. Dieser oft als "Kartoffelwaage" diffamierte Typ ist immer dann erforderlich, wenn große Medienmengen bis in den zweistelligen kg-Bereich anzusetzen sind oder Materialien wie Boden oder Abwasser eimerweise eingesetzt werden. Materialbedingt ist meist die Verunreinigung der Waage so auffällig, daß eine Reinigung nahezu immer nach Gebrauch anliegt.

B Häufig genutzte Arbeitsmethoden und Medien in der Umweltmikrobiologie

1 Erstellen von Medien

Das Erstellen von Nährmedien ist in aller Regel sehr einfach. Viele Komplex-Medien werden als Fertigprodukte angeboten und müssen nur noch mit der vorgegebenen Menge Wasser versetzt werden. Aber auch Nährsalzlösungen für synthetische Medien lassen sich recht leicht erstellen. Nach vorgegebenen Rezepturen sind die Komponenten abzuwiegen und mit Wasser zu ergänzen. Durch die Zugabe von Agar-Agar in meist vorgegebenen Mengenverhältnissen ist die Grundlage für feste Nährböden gegeben.

1.1 Erstellen von Flüssigmedien

Für die Bereitstellung von größeren Mengen Medien werden vorwiegend Erlenmeyerkolben oder Steilbrustflaschen benutzt. Die Komponenten oder Fertigpräparate sind auf Wägeschiffchen oder Wägepapierchen abzuwiegen und vollständig in das Glasgefäß zu überführen. Eventuell zurückbleibende Partikel sind mit destilliertem oder entionisiertem Wasser von der Wägehilfe in das Gefäß abzuspülen. Danach ist mit dem Wasser das Gefäß bis zum vorgegebenen Volumen aufzufüllen. Ein Glasgefäß mit Gradation ist daher besonders geeignet. Nach guter Durchmischung und vollständigem Lösen der Nährstoffe muß der pH-Wert mittels Elektrode (vgl A 2.4.1) oder pH-Papier geprüft werden und nötigenfalls mit Natronlauge oder Salzsäure (verdünnte Lösungen) eingestellt werden. Dabei sollte vorsichtig die Lauge oder Säure zupipettiert werden, um das Volumen nicht unnötig zu erhöhen.

Soll das gesamte Medium autoklaviert werden, so ist nach Abschluß dieser Arbeiten der Kolben mit einem Zellstoffstopfen zu verschließen und mit Aluminium-Folie abzudecken. Danach kann das Medium in einen Autoklaven verbracht und bei Temperaturen $> 121\ °C$ und 1 bar Überdruck bei einer Mindestverweilzeit von 20 Minuten unter diesen Bedingungen sterilisiert werden.

Sollen kleine Einheiten für Untersuchungszwecke zur Anwendung kommen, so ist das noch nicht sterilisierte Medium in die unsterilen Gefäße wie Kulturröhrchen oder kleine Erlenmeyerkölbchen zu überführen. Die Kölbchen werden auf die gleiche Weise mit Zellstoffstopfen und Aluminiumfolie verschlossen wie die größeren Kolben. Die Röhrchen lassen sich mit Aluminiumkappen abdecken. Zum Autoklavieren werden die Röhrchen so in Bechergläser oder Blechdosen gestellt, daß sie nicht umfallen können. Es können auch autoklavierfeste Reagenzglasständer dazu benutzt werden. Bei kleinen Nährmedienmengen reicht eine effektive Autoklavierzeit von 10 Minuten aus.

Erst nach Abkühlen auf Raumtemperatur sollten Nährmedien beimpft werden. Medien mit extremen pH-Werten müssen vor dem Beimpfen (stichprobenartig) noch einmal auf genaue Werteinstellung überprüft werden. Da weder mit pH-Papier noch mit der Elektrode eine sterile Bemessung erfolgen kann, sollten kleine Mengen aus den Wachstumsgefäßen mit sterilisierten Pipetten entnommen und extern auf ein pH-Papier aufgetupft werden. Sollten sich hierbei starke Differenzen zum Sollwert abzeichnen, ist das Medium auf den geforderten pH-Bereich einzustellen und nochmals zu autoklavieren oder erneut anzusetzen.

Viele Schadstoffe lassen sich nicht ohne chemische oder physikalische Reaktionen autoklavieren. Hier empfiehlt es sich, den konzentrierten Schadstoff, der als Giftstoff nicht mit Mikroorganismen bewachsen ist, nach dem Autoklavieren unter sterilen Bedingungen der Nährlösung zuzusetzen. Flüssige Schadstoffe lassen sich (mit einer Pipettierhilfe) leicht einpipettieren, feste Stoffe werden auf einer geeigneten Waage abgewogen und mit einem abgeflämmten Spatel oder einer Pinzette in das Wachstumsgefäß überführt.

1.2 Erstellen von Agar-Medien

Zur Herstellung von Agarmedien ist dem Nährmedium lediglich die entsprechende Menge Agar-Agar zuzusetzen. Dabei kann eine untere Konzentrationsgrenze mit 1 % festgelegt werden. Bei sauren Nährböden oder solchen, die häufiger aufgeheizt werden müssen, kann eine Zugabe bis zu 1,5 - 2 % zur sicheren Erlangung eines festen Nährbodens erforderlich sein. Alle gängigen Nährmedien werden als Agar-Fertigpräparate angeboten, so daß sich bei der Erstellung von Agarmedien von der Handhabung her keine Unterschiede zur Erstellung flüssiger Medien ergeben, wenn größere Ansätze benötigt werden. Durch den Autoklaviervorgang quillt der Agar auf und verteilt sich dabei gleichmäßig im gesamten Medium. Sind dagegen Kleingefäße mit Agar-Medien vor dem Autoklavieren zu befüllen, so muß der Agar unter Hitzezuführung aufgequollen werden. Dazu wird das wässrige System aufgekocht. Um das Anbrennen des Agar am Boden des Aufheizgefäßes (meist ein geeignet großes Becherglas) zu verhindern, ist ein ständiges Umrühren des Mediums mit einem Glasstab oder die Benutzung eines beheizbaren Magnetrührers erforderlich. Das klare heiße Agarmedium kann nun in Kulturröhrchen gegossen und wie unter 2.1.1 beschrieben autoklaviert werden

1.2.1 Agarplatten in Petrischalen

Zur Herstellung von Agar-Platten werden sterile Petrischalen mit sterilem heißem Agarmedium befüllt. Heute vorwiegend benutzte Einwegpetrischalen aus sterilem Kunststoff lassen sich einfach handhaben und benötigen deutlich weniger Mediumeinsatz als hitzesterilisierte, deutlich unhandlichere Glaspetrischalen. Das Füllverfahren ist prinzipiell gleich, lediglich die Stapelbarkeit der Plastikschalen ermöglicht eine mit Glasschalen nicht durchführbare Stapeltechnik.

In Abbildung B 1.1 ist das Erstellen von Agarplatten skizziert. Von dem noch heißen, gut flüssigen Agarmedium wird so viel in die Petrischale gegossen, daß etwa ein Drittel der Randhöhe der Petrischale befüllt ist. Dabei sollte der Deckel nur leicht angehoben werden und die Platte in einem möglichst geringen Abstand bedecken. Nach Aufgabe des Agarmediums ist die Platte umgehend wieder abzudecken. Zur gleichmäßigen Verteilung des Mediums ist ein leichtes Schwenken der Schale erforderlich. Danach muß die Platte abkühlen und darf bis zur Erstarrung zu einem festen Boden nicht mehr bewegt werden.

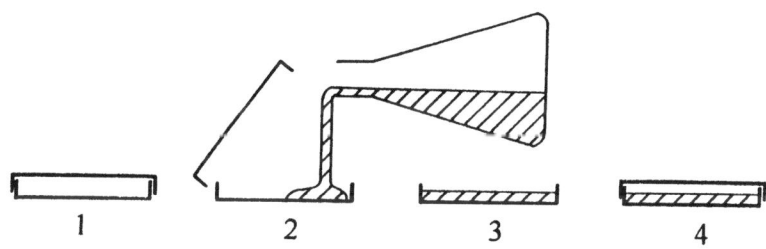

(1) Bereitstellen steriler Petrischalen (2) Einfüllen des heißen Agars
(3) Bildung einer ebenen Agaroberfläche (4) Verschließen der Agarplatte

Abb. B 1.1 : Erstellen von Agarplatten

Die mit festem Agarboden fertiggestellte Platte muß mit einer Beschriftung versehen sein, die eine eindeutige Identifizierung des Nährmediums erlaubt (vgl. B 2.1). Die Platte kann danach mit Mikroorganismen beimpft und bebrütet bzw. kurzfristig (für wenige Tage) im Labor oder langfristig (mehrere Wochen) im Kühlschrank bis zur Verwendung gelagert werden.

1.2.2 Schrägagar-Röhrchen

Zur Kultivierung von Reinkulturen (eine Spezies), seltener auch von definierten (mehrere bekannte Spezies) oder nicht definierten (mehrere unbekannte Spezies) Mischkulturen werden Schräg-Röhrchen-Kulturen benutzt. Der Vorteil gegenüber Agarplatten ist, daß weniger Material (Nähragar) benötigt wird, weniger Platzbedarf anliegt und eine deutlich verringerte Austrocknung des Nähragars stattfindet. Die geringere Ausstrichfläche stellt bei der reinen Stammhaltung und Stammlagerung keinen Nachteil dar.
Zur Herstellung (Abb. B 1.2) werden mit Alukappen (oder Zellstoffstopfen) verschlossene Kulturröhrchen in Reagenzglasständern aufgestellt. Der Nähragar ist zunächst mit der entsprechenden Menge Wasser zu versetzen und anschließend, bis zur Erlangung einer vollständig klaren Lösung, aufzukochen. Dabei muß zur Vermeidung eines möglichen "Anbrennens" das Medium ständig mechanisch gerührt werden.

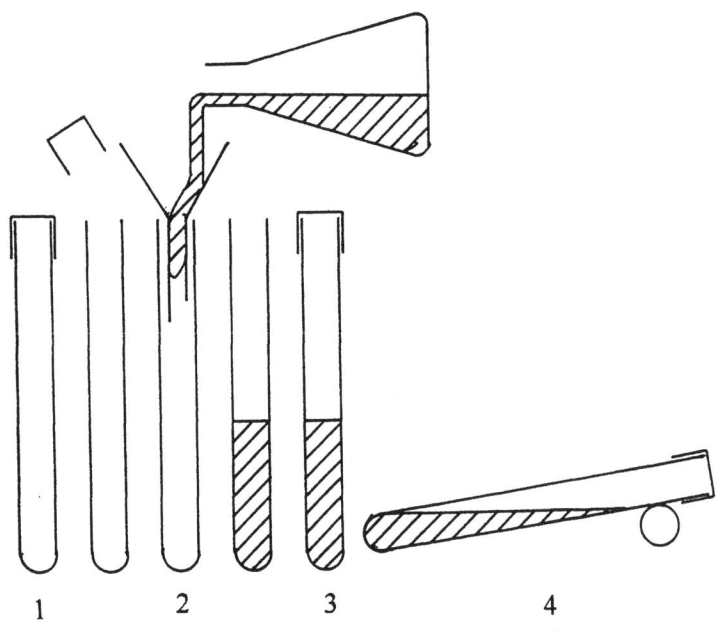

(1) Bereitstellen der Kultur-Röhrchen (2) Einfüllen des aufgekochten Agars
(3) Verschließen der Agarröhrchen (4) Erstarren des autoklavierten Agars in Schräglage

Abb. B 1.2 : Herstellen von Schrägagar-Röhrchen

Etwa vier ml des klaren Agarmediums sind mit einer Pipette mit möglichst großer Auslauföffnung oder einem kleinen Meßzylinder in das erste Kulturröhrchen zu verbringen. Die nachfolgenden Röhrchen sind bis zur annähernd gleichen Füllhöhe wie das erste Röhrchen zu befüllen, wobei ein kleiner Glastrichter als Einfüllhilfe nützlich ist. Dabei muß möglichst schnell gearbeitet werden, damit der Agar heiß und damit gut fließfähig bleibt und ein Verstopfen das Trichterhalses ausbleibt. Die Röhrchen sind danach ca. 10 Minuten zu autoklavieren.

Nach der Sterilisation werden die noch heißen Röhrchen so auf eine Stütze (Holzstab oder Gummischlauch mit ca. 1 cm Kantenhöhe bzw. Durchmesser) gelegt, daß eine möglichst große Fläche entsteht. Die Schräg-Röhrchen bleiben nun bis zum vollständigem Abkühlen und damit bis zum Erstarren liegen und können danach direkt als Schrägagar-Röhrchen verwendet werden.

2. Kulturmethoden

Um Mikroorganismen zu vermehren, müssen diese in geeigneten Gefäßen und mit geeigneten Methoden zum Wachstum veranlaßt werden. Je nach Stoffwechsel der zu vermehrenden Organismen muß für entsprechende Sauerstoffversorgung (aerob) oder strikte Sauerstoffabwesenheit (anaerob) gesorgt werden. Die wichtigsten Methoden sind im folgenden dargestellt.

2.1 Standkultur

Die Standkultur stellt ein sehr einfaches Verfahren zur Entwicklung von Mikroorganismen dar. Flüssigmedium wird dazu in ein geeignetes Glasgefäß gefüllt. Da die in der Umweltmikrobiologie vorwiegend benutzten Bakterien aeroben Stoffwechsel betreiben, wachsen sie bevorzugt an der Oberfläche des wässerigen Mediums. Um günstige Wachstumsbedingungen zu erreichen, ist eine große Flüssigkeitsoberfläche anzustreben. Dies wird durch die Verwendung großvolumiger Glasgefäße (Erlenmeyerkolben, Fernbachkolben) mit geringem Füllungsgrad (5 bis 10 %) erreicht.
Die Glaskolben werden mit dem autoklavierbaren Medium gefüllt, mit Zellstoff-Stopfen und Alu-Folie verschlossen und kurz im Autoklaven (ca. 10 - 20 Minuten) sterilisiert. Nach eventueller Zugabe nicht autoklavierter Schadstoffe wird der Kolben mit Mikroorganismen beimpft und bei 25 bis 25 °C im Brutraum bzw. bei Raumtemperatur im Labor ohne Alu-Abdeckung bebrütet. Die sich entwickelnden Mikroorganismen bilden auf der Flüssigkeitsoberfläche meist eine Kahmhaut aus. Diese Kahmhaut sollte bei Probennahmen nicht über den unbedingt erforderlichen Rahmen hinaus zerstört werden. Bei Bewegung der Standkultur darf nur sehr geringe mechanische Einwirkung auf das wässrige Medium ausgeübt werden, da die Möglichkeit eines Absinkens der Kahmhaut in den (anaeroben) Bodenbereich besteht.
Auch für die Kultivierung anaerober Mikroorganismen eignet sich die Standkultur. Hier ist nun eine möglichst kleine Oberfläche, an der ein Gasaustauch abläuft, gewünscht. Schlanke Zylinder oder hoch gefüllte Enghalskolben sind dazu geeignet.

Die Standkultur ist immer dann angezeigt, wenn mechanische Einwirkungen das Wachstum behindern (fädige Pilze) oder keine geeigneten Schüttelkapazitäten vorhanden sind. Prinzipielle Fragen der mikrobiellen Stoffverwertung lassen sich mit dieser einfachen und billigen Kulturmethode erarbeiten.

2.2 Schüttelkultur

Die Schüttelkultur ist ein Verfahren, bei dem die das Wachstum in der Standkultur limitierenden Bedingungen weitgehend beseitigt werden. Durch mechanische Einwirkung wird die Flüssigkeit in einem Glaskolben ständig bewegt. Unter diesen Bedingungen findet nun überall im Kolben mikrobielles Wachstum statt, das sich durch eine zunehmende Trübung des Mediums zeigt.
Zur Herstellung einer Schüttelkultur wird genau so verfahren wie bei der Standkultur. Der Füllgrad des Kolbens sollte auch bei dieser Methode recht gering sein und 20 % des Gefäßvolumens nicht überschreiten.
Nach Entfernung der Alu-Folie vom sterilen Kolben und der Beimpfung wird dieser auf einer Schüttelmaschine in der vorgesehenen Halterung geeignet befestigt und bei ca. 25 °C mit einer Schüttelfrequenz um 100 Upm geschüttelt.
Die Schüttelkultur ist die wichtigste Kulturmethode im Labor und eignet sich für nahezu alle Fragestellungen des mikrobiellen Stoffabbaus und der Stoffproduktion unter aeroben Bedingungen. Sie stellt die Vorstufe des Bioreaktors dar.

2.3 Kulturen auf Agar-Nährmedien

Der große Vorteil von Agarplatten in Petrischalen ist die große und ebene Oberfläche. Sie eignet sich für Ausstrich- und Spateltechniken. Somit werden Agarplatten zur Vermehrung, Vereinzelung, Quantifizierung und Differenzierung von Mikroorganismen eingesetzt.
Die beimpfte Platte wird bei geeigneten Bedingungen im Labor, Brutraum oder Brutschrank gelagert. Das Wachstum der Organismen kann durch Rasen- oder Koloniebildung verfolgt werden. Schadstoffe enthaltende Agarplatten können auch im Abzug bebrütet werden. Die Bebrütungszeit kann sich dann wegen der niedrigen Temperaturen deutlich verlängern.
Die Vorteile und der Einsatzbereich von Schrägagar-Röhrchen wurde bereits in B1.2.2 beschrieben.

3 Umgang mit beimpften Medien

Sobald ein Medium, sei es flüssig oder fest (Agar), mit Mikroorganismen beimpft ist, können sich diese bei geeigneten Bedingungen vermehren. Es ist nun äußerst wichtig, eine genaue Zuordnung (Herkunft, Probenmaterial u. ä.) der Mikroorganismen zu gewährleisten.

Es kann notwendig sein, das Wachstum zu beinflussen, wobei eine Beschleunigung (Bebrütung) oder eine Verlangsamung (Konservierung) in Betracht kommen.

3.1 Beschriften von Glas- und Kunststoffgefäßen

Nur eine vollständige und sachgerechte Beschriftung sichert eine genaue Zuordnung von mikrobiologischen Kulturen zu den Ausgangsproben oder Vorkulturen. Da hierbei oft Fehler gemacht werden, soll an dieser Stelle etwas ausführlicher auf das Beschriften eingegangen werden.

Zur Beschriftung ist ein geeigneter Stift zu benutzen. Bei Kunststoffmaterialien reichen einfache Filz- oder Folienschreiber aus. Zur Vermeidung großflächiger Kennzeichnungen empfiehlt es sich, dünne Folienstifte zu benutzen.

Anders sieht dies bei der Beschriftung von Glasgefäßen aus. Hier hat sich besonders ein dicker, schwarz schreibender, wasserfester Filzstift als geeignet herausgestellt. Gefäße, die zur Herstellung steriler Nährmedien benutzt werden (Erlenmeyerkolben, Steilbrustflaschen), sind mit großen, deutlich lesbaren Kennzeichnungen zu versehen.

Kulturröhrchen, die zu sterilisieren sind, lassen sich am sichersten in gut beschrifteten Bechergläsern in den Autoklaven stellen und nach der Sterilisation beschriften. Wenn sichergestellt ist, daß die Kulturröhrchen trocken gelagert werden, können auch Klebeetiketten als Kennzeichnung Verwendung finden.

Auf jedem beimpften Kulturgefäß müssen folgende Kennzeichnungen zu finden sein:

- Nährmedium
- Organismus/Kultur/Ausgangsprobe
- Operateur
- Datum der Beimpfung

Zur Kennzeichnung des Mediums sind Abkürzungen zu benutzen (S I für Standard I, M für Malz u.ä.), es ist allerdings sicherzustellen, daß eine Abkürzung nur für einen Medientyp verwendet wird.

Bei Kenntnis der Mikroorganismengattung oder -art ist diese auf das Kulturgefäß zu schreiben. Auch hierfür können (eindeutig zuordbare) Abkürzungen benutzt werden.

Ist der Mikroorganismus nicht bekannt oder werden Mischkulturen als Impfmaterial eingesetzt, muß ein Bezug zur Herkunft des Materiales als Kennzeichnung auftreten. So ist bei der Verwendung von bereits in Kultur gehaltenen Organismen (Vorkultur) die Bezeichnung der Vorkultur zu vermerken. Bei Materialien aus Boden- oder Wasserproben muß aus der Beschriftung eine eindeutige Zuordnung zur Probe möglich sein. Hierzu notwendige Abkürzungen sind in Protokollen mit allen notwendigen Angaben (Probenart, Aussehen, Geruch, Probenort, Entnahmetiefe, Temperatur, Feuchtigkeit, Probennehmer, Probennahmedatum, Art des Probentransportes und der Probenlagerung, usw.) niederzulegen.

Durch Aufschrift des Namens der beimpfenden Person (eindeutige Abkürzung), oder bei Gruppenarbeiten der Gruppen-Nummer, läßt sich eine spätere Weiterbearbeitung durch die Ausgangspersonen sicherstellen.

Bei der Beschriftung von Glasgefäßen zur Medienerstellung kann das gesamte Gefäß mit Ausnahme des Halses beschriftet werden. Schrägagar-Röhrchen sollten eine möglichst kleine Beschriftung aufweisen, die ein ungehindertes Besichtigen der Agaroberfläche und des Innenraumes erlaubt. Petrischalen müssen von unten beschriftet werden. Dabei sollten kleine Zeichen am äußersten Rand Verwendung finden.

Während die Kennzeichnung des Nährbodens direkt nach der Erstellung erfolgen sollte, ist die weitere Beschriftung erst nach Abschluß der Beimpfung anzubringen. Als Datum ist selbstverständlich der Tag der Beimpfung aufzutragen.

Beschriftungen sind niemals an beweglichen Teilen wie Stopfen, Deckeln und Kappen anzubringen, da hier sehr leicht Vertauschungen möglich sind.

Werden bei mikrobiologischen Versuchen toxische oder gar karzinogene Stoffe im Nährböden verwendet, so ist diese ebenfalls zu deklarieren. Hierbei spielt die Sicherheit eine größere Rolle als das Wissen um die (im Protokoll vermerkten) Inhaltsstoffe.

3.2 Anlegen und Bebrüten von Kulturen

Wenn in den nachfolgenden Versuchsvorschriften nicht anders angegeben, werden Flüssigkulturen entweder mit reichlich biologischem Material von Agarplatten oder ca. 10 Volumenprozent einer gut bewachsenen Vorkultur beimpft. Aktive Bioschlämme aus Kläranlagen werden wie Vorkulturen behandelt.

Proben aus festem Material (Böden, passive Schlämme) werden entweder zunächst in Wasser oder physiologischer Kochsalzlösung (0,85%ig) suspendiert, wobei ca. 10 % Feststoff eingesetzt wird, und von dieser Suspension ebenfalls wieder 10 % als Inokulum Verwendung finden, oder der Feststoff wird mit 1 bis 5 % direkt dem Medium zugeführt.

Zur Beimpfung von Agarplatten sollte aus Flüssigkulturen ein mittels Impföse aufzunehmender Tropfen ausgestrichen bzw. 0,1 ml mit dem Drigalskispatel ausgespatelt werden. Bei der Überimpfung von Kulturen aus Agarnährböden reicht eine geringe, als feine Spur auf der Impföse sichtbare Menge aus.

Der beimpfte Kolben wird entweder bei 20 bis 25 °C als Standkultur oder bei gleicher Temperaur mit ca. 100 Upm auf der Schüttelmaschine als Schüttelkultur bebrütet.

Beimpfte Petrischalen und Kulturröhrchen lassen sich bei ebenfalls 20 - 25 °C im Brutschrank aufbewahren.

3.3 Lagern von Medien und Kulturen

Es ist oft weder möglich noch sinnvoll, Nährmedien und Agarplatten in genau der benötigten Stückzahl anzufertigen. Sterilisierte Medien lassen sich für mehrere Tage bis wenige Wochen ohne Qualitätsverlust lagern.

Zur Sicherung der Sterilität empfiehlt sich dazu eine Lagerung im Kühlschrank bei 4 °C. Ist eine Lagerung von Petrischalen im voraus abzusehen, sollten die Platten gut zur Hälfte der Randhöhe befüllt sein, um einem Austrocknen vorzubeugen.

Über längere Zeit gelagerte Medien sind auf Trübung oder oberflächlichen Bewuchs zu prüfen. Sollten sich Kontaminationen eingestellt haben, ist das Material zu vernichten. Bei langzeitgelagerten Agarplatten kann neben einem Bewuchs auch die Bildung von Schwitzwasser die Unbrauchbarkeit bewirken.

Agarplatten, die einen guten Bewuchs nach der Bebrütung zeigen und für weitere Untersuchungen oder Demonstrationen aufbewahrt werden sollen, lassen sich durch Lagerung im Kühlschrank über viele Wochen erhalten. Zur Verhinderung größerer Wasserverluste eignet sich das Verschließen von Schale und Deckel mit Parafilm. Die Bildung von Schwitzwasser ist jedoch nicht zu unterbinden.

Schräg-Röhrchen-Kulturen lassen sich wegen ihrer geringen Gefäßoberfläche und des geringen Platzbedarfs besonders gut und lange im Kühlschrank lagern. Zur Stammhaltung, das heißt zur Erhaltung aktiver Mikroorganismen-Stämme, werden Mikroorganismen auf die Oberfläche des Schrägagars aufgezogen, unter definierten Bedingungen wenige Tage bebrütet und dann für sechs bis acht Wochen im Kühlschrank bis zum nächsten Aufziehen gelagert.

Zur Langzeitlagerung über Jahre und Jahrzehnte ohne Zwischenaktivierung sind Gefriertrocknung oder Lagerung in Flüssigstickstoff geeignet. Bei beiden Verfahren ist zur Erlangung einer aktiven Kultur eine Aktivierungsphase in einer Vorkultur erforderlich.

4 Wichtige Medien in der Mikrobiologie

Mit Nährstoffen versetzte Flüssigkeiten oder Agar-Böden werden als Medien bezeichnet. Funktion dieser Medien ist es, alle für das mikrobielle Wachstum notwendigen organischen und anorganischen Stoffe zu enthalten oder gezielte Stoffzusammensetzungen anzubieten. Die wichtigsten oft benutzten Medien in der Mikrobiologie sind nachfolgend beschrieben.

4.1 Vollmedien

Unter Vollmedien oder Komplexmedien versteht man Nährmedien, die aus einer Vielzahl unterschiedlicher, meist organischer Substanzen bestehen, die alle Ansprüche von Mikroorganismen zur Zellvermehrung erfüllen. Neben der Bereitstellung von Kohlenstoff, Stickstoff und Phosphaten sind auch alle anderen Wuchsstoffe wie Mineralien, Vitamine und Spurenstoffe in ausreichendem Maße aus tierischen (Pepton aus Fleisch oder Käse), pflanzlichen (Pepton aus Soja, Malzextrakt) oder mikrobiellen (Hefeextrakt) Ausgangsprodukten verfügbar.
Vollmedien werden in der Regel als Fertigprodukte angeboten, die nur noch mit Wasser im angegebenen Mengenverhältnis zu versetzen und zu sterilisieren sind. Neben der Bouillon für Flüssigkulturen sind auch bereits fertig gemischte Agar-Medien zu erwerben.

4.1.1 Standard I-Medium

Ein als Standardnährlösung oder Standard I-Nährbouillon bezeichnetes Medium für die Anzucht und Vermehrung von Bakterien hat folgende Zusammensetzung:

Peptone	5,0 g/l
Hefeextrakt	3,0 g/l
Natriumchlorid	6,0 g/l
D(+)-Glukose	1,0 g/l
(Angaben nach Merck)	

Es kann aber auch in folgender Zusammensetzung benutzt werden:

Peptone	10,0 g/l
Hefeextrakt	1,0 g/l
Natriumchlorid	2,0 g/l
$MgSO_4 * 7 H_2O$	0,2 g/l
(nach Drews)	

Da die meisten Bakterien bevorzugt im neutralen pH-Bereich wachsen, ist der pH-Wert auf 7,0 einzustellen.

Standard I-Medien werden vorwiegend zur gleichzeitigen Anreicherung vieler Bakterienarten benutzt. Nach Zusatz von 1 bis 1,2 % Agar lassen sich feste Nährböden zur Zellzahlbestimmung, Vereinzelung und Vermehrung von Bakterien herstellen.

4.1.2 PC-Medium

Der Einsatz von Plate-Count-Medien (PC-Medien) entspricht dem des Standard-Mediums. Als Bestandteile enthält ein Plate-Count-Magermilch-Agar nach Merck:

Peptone aus Casein	5,0 g/l
Hefeextrakt	2,5 g/l
Magermilchpulver	1,0 g/l
Glukose	1,0 g/l
Agar-Agar	10,5 g/l

4.1.3. R2A-Medium

Ein Medium mit der Eigenschaft, hohe Ausbeuten an unterschiedlichen Bakterienarten zu liefern, ist als standardisiertes Fertigprodukt (Difco) unter der Bezeichnung R2A-Medium zu erwerben. Es wird zur Zellzahlbestimmung aus Wasser- und Bodenproben mit artenreichen Mischkulturen eingesetzt.

Hefeextrakt	0,5 g/l
Proteose Pepton No.3	0,5 g/l
Casamino Acids	0,5 g/l
Glukose	0,5 g/l
lösl. Stärke	0,5 g/l
Natriumpyruvat	0,3 g/l
K_2HPO_4	0,3 g/l
$MgSO_4 * 7 H_2O$	0,05 g/l
Agar-Agar	15,0 g/l

Das Medium ist vor der Agar-Zugabe mit K_2HPO_4 oder KH_2PO_4 auf pH 7,2 einzustellen

4.1.4 Malz-Medium

Pilze weisen andere Wachstumseigenschaften als Bakterien auf. Zur Kultivierung von Hefen und fädigen Pilzen wird eine als Malz-Medium bezeichnete saure Nährlösung mit folgender Zusammensetzung benutzt:

Malzextrakt	30,0 g/l
Pepton aus Sojamehl	3,0 g/l
(nach Merck)	
pH-Wert 5,6	

Eine andere Variante wird bei Drews wie folgt angegeben:

Malzextrakt	10,0 g/l
Hefeextrakt	4,0 g/l
Glukose	2,0 g/l
KH_2PO_4	0,5 g/l
NH_4Cl	1,0 g/l

pH-Wert 6,0

Da bei beiden Rezepten bei hoher Hitzeeinwirkung der Agar unter den gegebenen Bedingungen hydrolysiert und dann nicht mehr richtig fest erstarrt, werden zur Erstellung fester Malz-Nährböden 1,5 - 2,0 % Agar-Agar zugesetzt und schonend (bei 121 °C für 10 Minuten) das zuvor langsam erhitzte Medium autoklaviert. Der pH-Wert ist nach dem Autoklavieren zu überprüfen.

4.2 Synthetische Medien

Als synthetische Medien oder Minimalmedien sind Nährlösungen zu verstehen, bei denen alle Zusätze definiert sind und für das mikrobielle Wachstum zwingend erforderlich sind. Neben einer bekannten, meist aus einer Molekülart zusammengesetzten Kohlenstoffquelle (Glukose, Phenole), besteht die Nährlösung aus anorganischen Salzen. Solche Medien werden immer dann eingesetzt, wenn spezifische Stoffwechselleistungen (Abbau von Zuckern oder Schadstoffen) überprüft werden sollen oder eine Adaptation (Anpassung) angestrebt wird bzw. erhalten bleiben soll.

4.2.1 Nährsalzlösung

Die Grundlage eines jeden Minimalmediums stellt die Nährsalzlösung dar. Es muß alle wachstumsfördernden Komponenten mit Ausnahme der Kohlenstoffquelle enthalten.

Eine typische Nährsalzlösung ist bei Schlegel angegeben:

K_2HPO_4	0,5 g/l
NH_4Cl	1,5 g/l
$MgSO_4 * 7 H_2O$	0,2 g/l
$FeSO_4 * 7 H_2O$	0,01 g/l
$CaCl_2 * 2 H_2O$	0,01 g/l
Spurenelement-Stammlösung	1 ml

Daß aber auch bei Nährsalzlösungen eine Vielfalt an Zusammensetzungen der Einzelkomponenten möglich ist, zeigt das Rezept nach Kluge und Menzel:

$NaNO_3$	0,5 g/l
K_2HPO_4	1,0 g/l
$MgSO_4 \times 7 H_2O$	0,5 g/l
KCl	0,5 g/l
NH_4Cl	0,2 g/l
$FeSO_4$	0,01 g/l

4.2.2 Anreicherungszusätze

Auf dem nur aus Mineralien bestehenden Medium können die für den Abbau organischer Stoffe benötigten heterotrophen Mikroorganismen nicht wachsen, da sie eine organische Kohlenstoffquelle benötigen.
Diese kann in Form von Zucker mit ca. 10 g/l zugefügt werden. Bei der Zugabe von Schadstoffen darf die für Mikroorganismen schädliche Toxizitätskonzentration nicht überschritten werden. So haben sich als Zusätze 1 g/l Phenol (Phenolabbau) oder 10 ml/l Mineralöl (MKW-Abbau) bewährt. Bei der Herstellung von Agarplatten mit Mineralölkomponenten sollten Konzentraionen von 2 bis 5 ml/l nicht überschritten werden, da sonst auf der Agaroberfläche ein unerwünschter Ölfilm entsteht.
Nicht bzw. schwer wasserlösliche Stoffe (Benzo(a)pyren und andere PAK) können als Klümpchen zugegeben werden, da keine toxische Konzentration in der für Mikroorganismen wichtigen Wasserphase auftreten. Zur Prüfung der Abbaufähigkeit von Schadstoffen reicht in der Regel bei gut wasserlöslichen Stoffen eine Zugabe von wenigen mMol aus.

Ist zu überprüfen, ob Mikroorganismen Wachstum oder Schadstoffabbau unter Vorhandensein von toxischen Stoffen neben der Kohlenstoffquelle (Cyanide, Schwermetalle) zeigen, sind diese in der Konzentration des zu untersuchenden Einzelfalles und einer etwa zehnfachen Aufkonzentrierung (Verstärkung der Giftwirkung der Zusätze) zuzugeben.

4.3 Vitaminlösung

Nicht alle Mikroorganismen können die für ihr Wachstum benötigten Vitamine selber herstellen. Solche essenziellen Vitamine müssen dann dem Nährmedium zugegeben werden. In einer Vitaminlösung sind folgende Einzelkomponenten enthalten:

Biotin	0,2 mg
Nicotinsäure	2,0 mg
Thiamin	1,0 mg
4-Aminobenzoat	1,0 mg
Pantothenat	0,5 mg
Pyridoxamin	5,0 mg
Cyanocobalamin	2,0 mg
auf 100 ml Aqua dest.	

Aus dieser Stammlösung werden dem Minimalmedium 2 bis 3 ml zugeführt (nach Schlegel).

4.4 Spurenelementlösung

Um Mangelsituationen bei benötigten Spurenstoffe auszuschließen, ist die Zugabe (1 ml auf 1 l Nährlösung) der folgend angegeben Stoffe angezeigt:

$ZnCl_2$	70 mg
$MnCl_2 * 4\,H_2O$	100 mg
$CoCl_2 * 6\,H_2O$	200 mg
$NiCl_2 * 6\,H_2O$	100 mg
$CuCl_2 * 2\,H_2O$	20 mg
$NaMoO_4 * 2\,H_2O$	50 mg
$Na_2SeO_3 * 5\,H_2O$	26 mg
* $NaVO_3 * H_2O$	10 mg
* $Na_2WO_4 * 2\,H_2O$	30 mg
HCl (25%)	1 ml
auf 1000 ml Aqua dest.	

(nach Schlegel)   * nur für wenige Mikroorganismen erforderlich.

5 Wichtige Methoden in der Mikrobiologie

Es gibt neben der Erstellung von Medien einige immer wiederkehrende Arbeiten im mikrobiologischen Labor, die hier kurz dargestellt werden sollen. Mikroskopie, Herstellen steriler Medien und Geräte sowie das Beimpfen von Medien stellen Grundlagen des mikrobiologischen Arbeitens dar und sollten daher vor der Aufnahme der nachfolgend beschriebenen Versuche geübt sein bzw. werden.

5.1 Anlegen von Präparaten zur Mikroskopie

Das Sichtbarmachen kleinster Lebewesen durch extreme Vergrößerung sowohl im natürlichen wie im angefärbten Zustand ist eine der häufigsten mikrobiologischen Arbeitsmethoden. Bevor das eigentliche Mikroskopieren stattfinden kann, ist zunächst ein Präparat herzustellen.

5.1.1 Herstellen eines einfachen Flüssigpräparates

Die "einfachste" Art des Mikroskopierens ist die Betrachtung des originären Probenmaterials in wässriger Lösung. Wasserproben lassen sich ohne Vorbehandlung oder nur durch Verdünnung mit reinem Wasser zum Mikroskopieren benutzen. Bei Feststoffe enthaltenden Proben ist zunächst eine ausreichende Suspendierung (1 g Feststoff in 10 ml Wasser) und, je nach Mikroorganismen-Gehalt, eine weitere Verdünnung erforderlich. Die Suspension sollte keine größeren Partikel enthalten (nur Überstand der Suspension benutzen), da sonst ein planes Auflegen des Deckgläschens nicht mehr möglich ist. Da sich die zu mikroskopierenden Mikroorganismen nach guter Suspendierung mit dem Vibromischer vorwiegend in dieser Phase befinden, gehen mit dem Abtrennen des schnell absinkenden Grobkornes keine wesentlichen sichtbaren Informationen verloren.
In Abb. B 3.1 ist das Herstellen eines solchen Präparates dargestellt. Aus einer unsterilen Suspension wird mit Hilfe einer Pasteurpipette oder eines Glasstabes ein Tropfen auf den Objektträger gebracht und ein Deckgläschen aufgelegt. Soll unter sterilen Bedingungen eine Probe entnommen werden, kommt dazu die

ausgeglühte Impföse zum Einsatz. Mit ihr wird ein Tropfen auf den Objektträger übertragen. Der Wassertropfen sollte sich dabei vollständig unter dem Deckgläschen ausbreiten. Leichtes Anschlagen mit dem Fingernagel (nicht Fingerkuppe, da Verschmutzung des Deckgläschens möglich), dem nicht befeuchteten Ende des Glasstabes oder dem Ende des Kollehalters oder Bleistiftes fördern diesen Prozeß. Das so hergestellte Präparat kann nun unter dem Mikroskop betrachtet werden. Häufig empfiehlt sich hierzu eine 400fache Vergrößerung im Phasenkontrast. Die Verdünnung sollte so gewählt sein, daß die Mikroorganismen als Einzelzellen deutlich voneinander getrennt vorliegen und deren Umriß sicher anzusprechen ist. Bei Präparaten mit Zellkonglomeraten (z.B. Flocken im Abwasser) ist durch leichten Druck auf das Deckgläschen (s.o.) ein Quetschpräparat zu erzeugen. Dabei ist auch hier als Ergebnis anzustreben, möglichst viele Zellen voneinander zu entfernen und Überlagerungen oder gar Schichtenbildungen zu vermeiden.

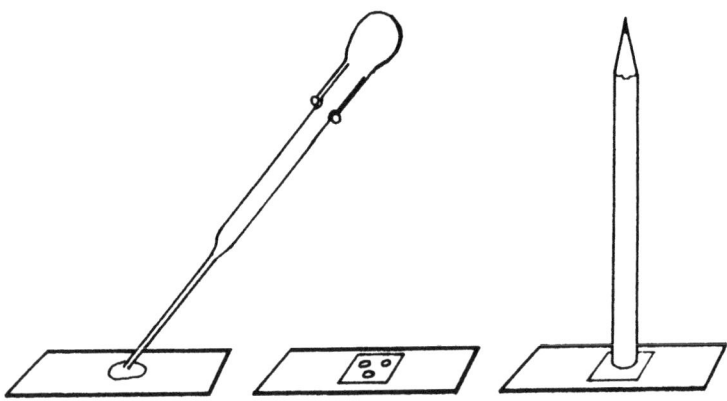

Abb. B 3.1: Herstellen eines Flüssigpräparates

5.1.2 Herstellen von gefärbten Präparaten

Zur Verbesserung der optischen Unterscheidung von Mikroorganismen untereinander (Methylenblaufärbung) und von Organellen (Geißeln, Schleime, Endosporen) sowie aus Gründen der Differenzierung (Gramfärbung, Säurefestigkeitsfärbung) ist es erforderlich, Färbemethoden anzuwenden und damit gefärbte Präparate für die Mikroskopie herzustellen.
Bei den meisten Färbemethoden werden die Mikroorganismen durch Lufttrocknung oder Hitzefixierung direkt an den Objektträger gebunden. Das Auflegen eines Deckgläschens entfällt. Gefärbte Präparate lassen sich bei 400- oder 1000facher (Ölimmersion) Vergrößerung im Durchlicht mikroskopieren.
Im Rahmen eines umweltmikrobiologischen Praktikums sind Färbemethoden zur Differenzierung der Organismen von untergeordneter Bedeutung. Allerdings kann das Anfärben der Mikroorganismen das direkte Auszählen in der

Zählkammer zur Erfassung des Keimgehaltes in Böden oder Wässern erleichtern. Daher sollen hier zwei Färbeverfahren zur Zellzahlbestimmung aus Bodenproben dazu kurz dargestellt werden:
Phenol-Anilinblau-Methode. Zunächst ist die Färbelösung anzusetzen. Dazu werden 15 ml einer 5 %igen Phenollösung mit 1 ml einer 6 %igen Anilinblaulösung und 4 ml Eisessig versetzt. Nach Ummischen und Lagerung von ca. einer Stunde wird die Lösung filtriert (Papier-Faltenfilter).
10 g einer frischen erdfeuchten Probe werden in einen Erlenmeyerkolben (250 ml) gegeben, mit 90 ml einer sterilen 0,1 %igen Peptonlösung versetzt und für ca. 20 Minuten auf der Schüttelmaschine geschüttelt. Nach Absetzen des Feststoffes werden 0,01 ml mit einer Pipette entnommen und auf einen Objektträger aufgebracht. Zur genauen Zellzahlbestimmung sollte auf den Objektträger ein 1 cm^2 Rechteck markiert (mit Glasschneidestift eingeritzt) werden. Auf dieses Feld wird der aufgebrachte Tropfen möglichst gleichmäßig mit einer sterilen Impföse verteilt, luftgetrocknet und durch vorsichtiges Durchziehen durch die Bunsenflamme hitzefixiert. Das Präparat wird mit der Phenol-Anilinblau-Lösung für eine Stunde überschichtet, mit einer 95 %igen Alkohollösung gründlich gespült, mit Wasser nachgewaschen und getrocknet. Das Präparat kann bei 1000facher Vergrößerung im Durchlichtmikroskop und Ölimmersion ausgezählt werden.
Acridinorange-Methode. Zunächst ist ein wie oben beschriebenes hitzefixiertes Präparat herzustellen. Nach Überschichtung mit einer 0,2%igen Acridinorange-Lösung für 3 Minuten findet eine kurze Spülung (30 Sekunden) mittels Natrium-Pyrophosphat (1 %ige Lösung) statt. Anschließend wird das Präparat mit Wasser gewaschen und an der Luft getrocknet.
Zur sinnvollen Bewertung ist ein Fluoreszenzmikroskop erforderlich. Bei Durchlichtanregung lassen sich grüngefärbte lebende Zellen und orangegefärbte tote Zellen unterscheiden und quantifizieren.

5.1.3 Mikroskopieren mit und ohne Immersionsöl

Beim Mikroskopieren mit dem 100er Objektiv ist es erforderlich, zwischen Objekt und Objektiv Immersionsöl zu bringen. Zum einen wird die direkt auf dem Deckgläschen oder dem gefärbten Objekt aufliegende Linse vor mechanischen Beschädigungen geschützt, zum anderen erhöht der gegenüber der Luft im Öl gebrochene Lichtstrahl, der von unten durch das zu mikroskopierende Objekt geht, das im Objektiv ankommende Licht. Damit ist eine bessere Auflösung gegeben.
Das Präparat wird mit dem 40er Objektiv eingestellt, wobei das genauer zu betrachtende Detail möglichst in die Mitte des mikroskopischen Bildes fixiert wird. Bei richtiger Einstellung (Köhlern) des Mikroskopes leuchtet der Lichtstrahl hinter dem Kondensor direkt dieses Zentrum an. Das Objektiv wird mittels Grobtrieb vom Objekt entfernt, ein kleiner Tropfen Immersionsöl auf die beleuchtete Stelle mit einer Pipette aufgetragen, das 100er Objektiv mit dem

Revolver eingestellt und vorsichtig bis zur Berührung des Öltropfens auf das Objekt gefahren. Dieser Prozeß ist optisch zu verfolgen. Erst danach wird durch Betrachtung des Objektes durch das Mikroskop das Objekt scharf eingestellt.

Beim Mikroskopieren von einfachen Flüssigpräparaten mit dickeren Objekten (Abwasserflocken, Feststoffe enthaltende Suspensionen) kann es zu Verschiebungen des Deckgläschens auf dem Objektträger kommen, da zwischen Objektiv und Deckgläschen über den Ölfilm ein direkter Kontakt besteht. Es kann bei solchen Präparaten schnell zum Bersten des Deckgläschens kommen.

Das Immersionsöl ist nach Gebrauch der Mikroskope ordentlich vom Objektiv zu entfernen. Dazu sind Linsenpapier und geeignete, die Optik nicht angreifende Lösemittel zu benutzen. Flusende Tücher hinterlassen schlecht zu entfernende Fusseln. Wird das Immersionsöl nicht ordentlich abgewischt, kann durch Verharzung des Öles das Objektiv unbrauchbar werden.

5.2. Sterilfiltration

Hitzelabile Medien oder Medienzusätze, die nicht durch trockene oder feuchte Hitze ohne chemische Veränderungen zu sterilisieren sind, lassen sich durch geeignete Filtration keimfrei machen. Dazu wird z.B. zur Erhaltung einer sterilen Vitaminlösung diese zunächst als wässrige Lösung erstellt und anschließend durch ein Filter mit einer Porengröße von 0,2 µm geleitet. Die in einem sterilisierten Gefäß unter sterilen Bedingungen aufgefangene Lösung wird so verschlossen, daß keine erneute Kontamination mit Mikroorganismen stattfinden kann.

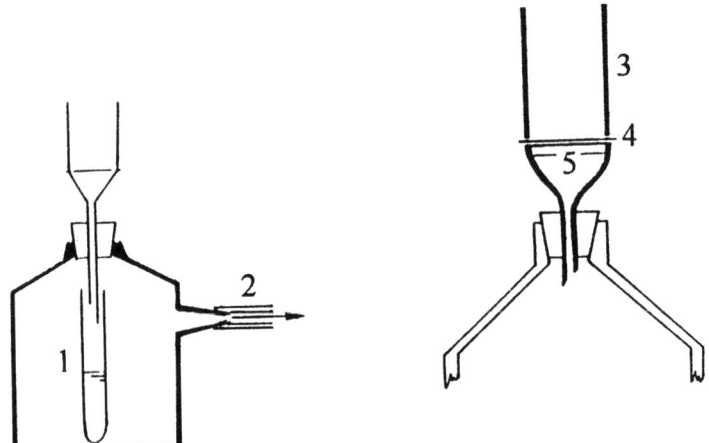

(1) Röhrchen für sterile Flüssigkeit (2) Schlauch zur Wasserstrahlpumpe
(3) Glaszylinder (4) Filter (5) Fritte

Abb. B 3.2: Schematische Darstellung einer Saugfiltrationseinheit

Zusätzlich verwahrt man solche Lösungen im Kühlschrank. Je nach benötigter Menge kommen unterschiedliche Geräte zur Anwendung. Bei kleinen Mengen reichen Einwegspritzen mit entsprechenden Filtereinsätzen, bei größeren Mengen werden Druckfilterapparate benutzt.

5.3 Beimpfen von flüssigen Medien

Flüssigkulturen in Stand- oder Schüttelkolben lassen sich meist recht einfach mit mikroorganismenhaltigem Material versetzen. Aus Flüssigproben werden 10 % (Vol) in das Wachstumsgefäß gegeben. Je nach Volumen benutzt man dazu Pipetten, Meßzylinder oder ganze Vorkulturen. Bei Abbauuntersuchungen, Beschickung offener Laboranlagen und gut bewachsenen Boden- oder Abwasserproben als Inokulum kann auf steriles Arbeiten verzichtet werden.

Kommt als Impfmaterial eine auf festen Nährmedien vorgezüchtete Kultur zum Einsatz, so ist entweder ausreichend Material mit der Impföse (sterilisiert) direkt in das Medium des Wachstumsgefäßes zu übertragen, oder eine zuvor mit sterilisierter physiologischer Kochsalzlösung von der Agarplatten- oder Schrägröhrchenoberfläche aufgenommene Suspension zugesetzt. Zur Erstellung der Suspension werden, je nach Bewuchs, 1 bis 5 ml NaCl-Lösung auf die Agaroberfläche pipettiert, das auf dem Agar gewachsene biologische Material mit der Impföse vorsichtig abgekratzt und in der Lösung bis zur Erlangung einer gleichmäßigen Suspension vermischt. Aus einem Schrägröhrchen läßt sich mit einer Pipette eine definierte Menge entnehmen und ins Wachstumsgefäß übertragen. Bei Agarplatten ist das Umfüllen in ein kleines Becherglaschen oder (etwas schwierig) in ein Kulturröhrchen notwendig. Beim Umgang mit solchen Inokulummaterialien sollte steriles Arbeiten erfolgen. Nach dem Beimpfen ist der Kolben zu beschriften.

5.4 Beimpfen von Agarmedien

Das Auftragen von Mikroorganismen auf Agar-Platten kann unterschiedliche Ziele besitzen und die zu benutzenden Beimpfungsmethoden sind vielfältig.

5.4.1 Einfacher Ausstrich mit der Impföse

Zur Prüfung des Wachstums auf Agarnährböden ist in der Regel ein einfacher Ausstrich geeignet. Mit der steril ausgeglühten Impföse wird aus einer wässrigen Probe oder einer Vorkultur Material auf die Agaroberfläche der Petrischale gebracht, indem die Impföse mit leichtem Druck in einer Schlangenlinie geführt wird (vgl. Abb. B 3.3 a und b). Bei diesem Ausstrich ist darauf zu achten, daß die Öse durchgängig die Agaroberfläche berührt und die Oberfläche nicht zerstört. Der Deckel der Petrischale sollte bei steriler

Arbeitsweise während des Ausstreichens die Agarplatte möglichst weitgehend bedecken, um eine Kontamination durch Luftkeime zu vermeiden. Nach dem Ausstrich ist die Platte zu beschriften und zu bebrüten.

Abb. B 3.3 a : Auftragen von Mikroorganismen mit der Impföse

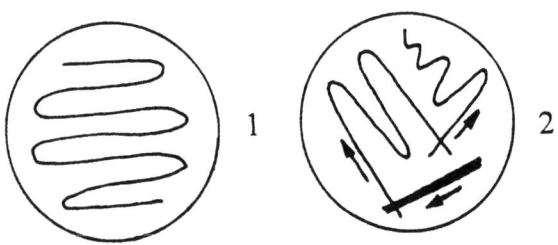

(1) einfacher Ausstrich (2) Vereinzelungsausstrich

Abb. B 3.3 b : Linienführung

5.4.2 Vereinzelungsausstrich mit der Impföse

Um aus einer Mischkultur einzelne Mikroorganismenarten auftrennen und somit Reinkulturen herstellen zu können, haben sich unterschiedliche Vereinzelungs-Ausstrichverfahren etabliert. Eine einfache Variante wird hier dargestellt.

Mit der ausgeglühten Impföse ist biologisches Material in einem breiten Ausstrich in ein definiertes Segment der Agarplatte aufzutragen. Nach dem erneuten Ausglühen und anschließendem Abkühlen wird mit der Öse eine erste Schlängellinie in ein angrenzendes Plattensegment geführt, wobei die Öse einmal durch den zuvor aufgetragenen Impfstrich zu ziehen ist. Damit wird aus dem dicken Ausstrich biologisches Material mitgeführt und auf der Agaroberfläche verdünnt.

Diese Prozedur ist weitere zwei Male durchzuführen. Damit ist zu sichern, daß einzelne Mikroorganismenzellen auf dem Agar liegen bleiben und zu sichtbaren Kolonien nach einer Bebrütung auswachsen.

Durch makroskopische und mikroskopische Prüfung ist zu klären, ob es sich um morphologisch gleiche Kulturen bzw. Einzelzellen handelt.

Nicht nur in Zweifelsfällen sollte eine Wiederholung der Prozedur erfolgen, um sicher zu einer Reinkultur zu gelangen.

4.3 Ausspateln auf Agaroberfläche mit Glasspatel

Das Ausspateln von Verdünnungssuspensionen auf Agarplattenoberflächen ist sowohl zur Herstellung von Reinkulturen (alternativ zum o.a. Verfahren) als auch zur Ermittlung der Lebendkeimzahl geeignet. Voraussetzung dafür ist die Erstellung einer geeigneten Verdünnung. Diese wird in aller Regel als dekadische Verdünnungsreihe angelegt. Aus einer Wasserprobe oder definierten Feststoffsuspension (nach Absetzen des Grobkornes) wird genau 1 ml in ein mit 9 ml steriler Kochsalzlösung gefülltes Kulturröhrchen überführt, auf dem Vibromischer gut suspendiert und aus dieser ersten Verdünnung wiederum genau 1 ml in ein nächstes Kulturröhrchen gegeben. Dieser Vorgang wird mehrmals wiederholt.

Aus den Verdünnungsröhrchen sind exakt 0,1 ml mit einer sterilen Pipette in die Mitte einer Agarplatte aufzutragen und mit einem sterilen (abgeflämmten) Glasspatel möglichst gleichmäßig aus der gesamten Oberfläche zu verteilen (Abb. B 3.4). Durch Hin- und Herführen des Spatels bei gleichzeitiger Drehung der Agarplatte kann dies am besten erreicht werden. Übungsbedürftig ist das gleichzeitige Drehen der Platte und das Bedecken mit dem Deckel, da dazu nur eine Hand zur Verfügung steht.

Die Platten sind zu beschriften (Verdünnungsstufe nicht vergessen) und zu bebrüten.

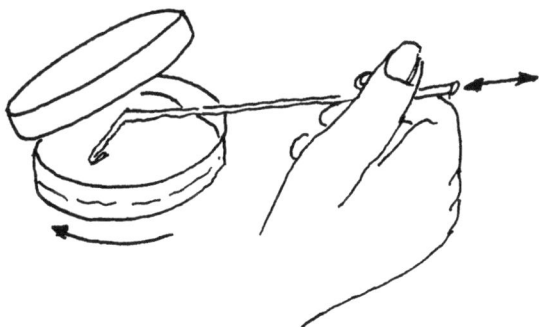

Abb. B 3.4 : Ausspateln auf einer Agarplatte

5.4.4 Anlegen einer Schrägagar-Kultur

Mit der ausgeglühten Impföse wird mikroorganismenhaltiges Material aus der Ausgangskultur (Vereinzelung, Reinkulturen) aufgenommen und in feinen Schlängellinien auf der Oberfläche des Schrägagars ausgestrichen. Dazu muß der Kollehalter mit Daumen und Zeigefinger festgehalten und mit dem Ringfinger gestützt werden (Federhalter-Haltung), damit der Wattestopfen oder die Alu-Kappe mit dem Ringfinger und dem kleinen Finger am Handballen fixiert und vom Schrägröhrchen entfernt werden kann (Abb. 3.8. Nur so ist ein ungehindertes Wiederverschließen des Schrägröhrchens nach dem Beimpfen möglich.

Zum Überimpfen von Organismen aus einem Schrägröhrchen in ein anderes hat sich die in Abbildung B 3.5 skizzierte Vorgehensweise bewährt. Die beiden Röhrchen werden in der vorgegebenen Weise mit der (linken) Hand gehalten. Mit dem Handballen der (rechten) Hand wird der Stopfen bzw. die Alu-Kappe von organismenhaltigen Röhrchen entfernt und mit der ausgeglühten Öse Material entnommen. Das Röhrchen wird wieder verschlossen und das unbeimpfte Röhrchen auf die beschriebene Art geöffnet. Das Impfgut wird ausgestrichen und das Röhrchen wiederum verschlossen.

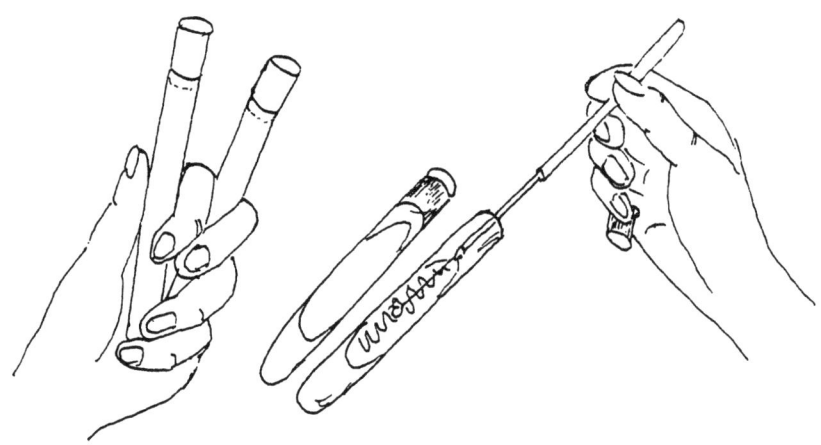

Abb. B 3.5: Beimpfung eines Schrägröhrchen aus einer Schräg-Agar-Kultur

C Praktikumsversuche

1 Anreicherung und Isolierung von Mikroorganismen aus festen und flüssigen Probenmaterialien

Das Bereitstellen geeigneter Mikroorganismen ist die Voraussetzung zur Bearbeitung mikrobiologischer Fragestellungen.

1.1 Einführung und Problemstellung

Die Vielfalt der natürlich vorkommenden Mikroorganismen und ihr enormes Stoffwechselpotential ermöglichen in allen Bereichen der Umweltbiotechnologie, Bakterien und Pilze ohne genetische oder gentechnische Manipulation einzusetzen. Zwar ließe sich theoretisch das Abbauverhalten durch solche Eingriffe verbessern oder gar erweitern, die Überlebensfähigkeit in der freien Natur wäre jedoch nicht sichergestellt und ein "Restrisiko" durch Freisetzung gentechnisch veränderter Mikroorganismen nicht ganz auszuschließen. Daher hat der Gesetzgeber ein Verbot zur Ausbringung solcher Mikroorganismen in die Umwelt erlassen.

Um feststellen zu können, ob Mikroorganismen mit einem definierten Abbaupotential in einer Wasser- oder Bodenprobe enthalten sind, ist zunächst das Vorhandensein von Mikroorganismen im Probenmaterial zu prüfen. Dies kann durch Mikroskopie oder dem Nachweis vermehrungsfähiger Zellen erfolgen. Sowohl die Erfassung der Trübungszunahme in einem Flüssigmedium als auch die Koloniebildung nach Ausstrich oder Ausspatelung auf einer Agarplatte sind dazu geeignet. Um auch aus gering bewachsenen Proben möglichst viele Mikroorganismen erfassen zu können, werden komplexe Medien (Standard I, PC, R2A) dazu benutzt. Werden Mikroorganismen mit speziellen Stoffwechselleistungen aus einem Probenmaterial gesucht, so wird ein Teil der Probe auf ein Medium gebracht, auf dem nur solche Organismen sich vermehren können, die die spezielle Stoffwechselaktivität besitzen. So werden in einem stickstofffreien Medium nur stickstofffixierende Mikroorganismen, auf einem kohlenstofffreien Medium nur autotrophe Mikroorganismen wachsen können. Bietet man Mikroorganismen spezielle Kohlenstoff- oder Energiequellen an, so werden sich vorwiegend solche Bakterien und Pilze anreichern, die diese Nährstoffe bevorzugt zur Biomassebildung und Vermehrung nutzen.

Aber auch Umwelteinflüsse können als Auswahlkriterien dienen. So werden bei Bebrütung in der Kälte (4 bis 15 °C) psychrophile, bei 20 bis 40 °C mesophile und bei über 45 °C thermophile Mikroorganismen angereichert. Bei hohen Salzbelastungen, wie sie im Meer-, Brack- oder auch industriellen Abwässern (Kali-Industrie) auftreten, werden sich halophile, bei stark sauren Medien (pH <5) acidophile und stark alkalischen (pH >10) alkalophile Bakterien und Pilze bevorzugt vermehren.

Es lassen sich also durch Wahl der Wachstumskriterien, Nährstoffkomponenten und Umgebungsbedingungen spezielle Mikroorganismen anreichern. Das bedeutet jedoch nicht, daß in einer Anreicherungskultur Mikroorganismen mit ausschließlich diesen geforderten Leistungen auftreten oder gar Reinkulturen (nur eine Spezies) angetroffen werden. Durch Wachstum auf Verunreinigungen, die durch das Probenmaterial oder den Agar in den Kulturansatz gebracht werden sowie durch "tolerante" Organismen, deren Wachstumsoptimum weit von den vorliegenden Bedingungen entfernt ist, aber geringfügiges Wachstum aufweisen, und durch die Sekundärorganismen, die aus Stoffwechselprodukten oder der von den Spezialisten gebildeten Biomasse ihre Nahrung und Energie beziehen, entsteht in der Regel eine undefinierte Mischkultur. Durch Ausschalten oder Minimieren der Verunreinigungen, z.B. durch Einsatz (sehr teuren) hochreinen Agars und Nutzung einer Subkultur in flüssigem Anreicherungsmedium (Verdünnung der Verunreinigung durch Probenmaterial) können bereits wesentlich artenärmere Anreicherungskulturen erhalten werden.

Um jedoch zu Reinkulturen, also nur aus Individuen einer Art (Spezies) bestehenden Kultur zu gelangen, bedarf es der Isolierung, also der Separierung der einzelnen Arten der Anreicherungskultur. Dazu werden in aller Regel zwei unterschiedliche Methoden angewendet.

Die Verdünnungsmethode basiert darauf, daß der zu isolierende Mikroorganismen-Stamm in deutlich höherer Zellzahl vorliegt als die unerwünschten Stämme der "Begleitflora". Das bedeutet, daß bei starker Verdünnung die Chance gegeben ist, nur Individuen des Spezialisten-Stammes im Verdünnungsmedium anzutreffen. Durch anschließende Vermehrung auf einem geeigneten Medium lassen sich so Reinkulturen gewinnen.

Die Vereinzelungsmethode durch Ausstrich einer Mischkultur auf einer festen Agaroberfläche beruht darauf, daß durch mechanische Verteilung mit verdünnendem Effekt einzelne Zellen der Kultur auf der Agaroberfläche liegen bleiben. Aus den Einzelzellen wachsen durch Zellteilung Individuen einer Art, also ein Stamm, zu einer sichtbaren Kolonie aus. Durch Übertragen einer solchen Kolonie auf ein Wachstumsmedium läßt sich wiederum eine Reinkultur vermehren. Reinkulturen werden in der angewandten Umweltbiotechnologie nur selten eingesetzt. Oft steht der Aufwand, definierte Mischkulturen mit bekanntem Stoffwechselspektrum zu erstellen und einzusetzen, in keinem Verhältnis zu dem, was undefinierte Mischkulturen in umwelttechnischen Anlagen "von selbst" leisten. Abwässer werden oft in offenen Becken behandelt. Damit gelangen aus der Umgebung ständig neue Organismen in das System. Dieses ist sogar gewünscht, da sich die stoffliche Zusammensetzung des Abwassers ständig ändert und eine schnelle Anpassung (Adaption) der "Biologie" erforderlich ist. Bei Altlasten, die meist mehrere Dekaden als offene (unversiegelte) Gelände der "Natur" ausgesetzt waren, haben sich durch natürliche Anreicherungs- und Selektionsprozesse abbauaktive Mischpopulationen entwickelt. Es dürfte daher nicht selten der Fall eintreten, daß bis zur Erstellung einer leistungfähigen definierten Labormischkultur die Sanierungsmaßnahme bei Einsatz der autochthonen (standorteigenen) Mikroflora längst abgeschlossen ist.

Zu wissenschaftlichen Zwecken, z.B. zur Erforschung der Stoffwechselwege oder zur Untersuchung sich ergänzender Abbaueigenschaften von Mischkulturen ist der Umgang mit definierten Mischkulturen und damit das Herstellen und Halten von Reinkulturen erforderlich.

Ziel des nachfolgend beschriebenen Versuches ist es, aus geeignetem Probenmaterial mit einer großen Anzahl unbekannter Mikroorganismen-Arten Bakterien anzureichern, die eine in der Natur (biogen) und in der von Menschen (anthropogen) belasteten Umwelt häufig auftretende Stoffklasse abbauen können. Die dazu notwendigen Labormethoden sind durchzuführen, um auch die bei solchen "einfachen" Aufgaben auftretenden Probleme kennenzulernen. Es wird der gesamte Ablauf einer Anreicherungs- und Isolierungsprozedur mit für die Mikrobiologie typischen Arbeitsmethoden eingeübt. Da die in diesem Versuch anzulegenden Reinkulturen in nachfolgenden Versuchen Verwendung finden sollen, ist hier besondere Sorgfalt und Kontrolle angezeigt.

1.2 Versuchsdurchführung

Zeitbedarf:

Probenbeschaffung	2 - 8 Stunden (je nach Standort)
Medienerstellung	6 - 8 Stunden
Versuchsdurchführung	20 - 24 Stunden
Arbeitszeit	28 - 40 Stunden

Benötigte Zeitspanne: ca. 30 Tage

Benötigte Geräte und Chemikalien:

Probengefäß, Spatel, Schüttelkolben (500 ml), Petrischalen, Kulturröhrchen mit Kappen, Pipetten, Feinwaage, Brutschrank

Nährsalzlösung, Phenol, Vitaminlösung, Spurenelementlösung, Agar, Komplexnährboden

1.2.1. Probennahme und Probenbehandlung

Zur Probennahme werden ein Glasgefäß mit Deckel (z.B. Einweckglas) und ein großer Spatel bzw. ein Schäufelchen benötigt. Es empfiehlt sich, da Mikroorganismen mit speziellen Leistungen angereichert werden sollen, die möglicherweise im Labor als Kontaminationskeime bereits vorhanden sind, steriles Gerät zu benutzen. An einer Stelle, an der phenolische Verbindungen zu erwarten sind (Kokereien, Gaswerke, chemische Produktionsanlagen, humöser Park- oder Waldboden), wird der Boden aufgelockert und aus dem oberen, durchlüfteten Bereich eine Probe von ca. 200 bis 500 g aufgenommen und in das Glasgefäß gebracht (Beschriftung).

Das Glasgefäß wird verschlossen und umgehend ins Labor gebracht. Sollte eine unmittelbare Bearbeitung nicht möglich sein, so ist die Probe am besten unter kühlen, aber frostfreien Bedingungen (Kühlschrank) für wenige Tage zu lagern. Unter diesen Bedingungen bleibt der mikrobiologische Status nahezu erhalten, da die Organismen nur einen geringen Stoffwechsel aufrechterhalten und nicht zerstört werden.

Bei dem in diesem Versuch vorliegenden Fall kann allerdings die Bodenprobe selbst als erstes Anreicherungssystem genutzt werden, in dem trockener Boden bei Bedarf mit einer Nährsalzlösung befeuchtet und bei Raumtemperatur aufbewahrt wird. Unter diesen Bedingungen können sich Mikroorganismen vermehren und bei Anwesenheit von Phenolen erhöhte Phenol-Abbauaktivitäten entwickeln.

1.2.2 Anreicherung von phenolabbauenden Mikroorganismen

Ein Erlenmeyerkolben (500 ml) wird mit 100 ml Nährsalzlösung gefüllt, mit einem Zellstoffstopfen und Aluminiumfolie verschlossen und für 15 bis 20 Minuten autoklaviert. Nach dem Abkühlen werden 200 mg Phenol (unter Abzug abwiegen) unter weitgehend sterilen Bedingungen zugesetzt und durch Schütteln im Medium verteilt. Anschließend kommen 10 g des zuvor gut vermischten Bodens hinzu. Der so befüllte Kolben wird auf der Schüttelmaschine bei 100 Upm und 20 bis 25 °C ca. 10 Tage lang bebrütet.

In Abständen von zwei Tagen ist durch Mikroskopie (400fache Vergrößerung, Phasenkontrast) eine Vermehrung von Mikroorganismen zu prüfen. Ist ein eindeutiges Wachstum festzustellen, wird ein einfacher Ausstrich auf einer Phenolagarplatte angelegt und nach vier- bis fünftägiger Bebrütung die Bildung von Kolonien überprüft.

Sollte die erste Anreicherung im Kolben keinen Erfolg zeitigen, muß erneut eine Bodenprobe beschafft werden, und die Anreicherungsschritte sind zu wiederholen.

Will man ganz sicher gehen, daß die geforderte Stoffwechselleistung von den in der Anreicherung vermehrten Mikroorganismen erbracht wird, ist eine Subkultivierung der auf der Agarplatte gewachsenen Kolonien in einer Flüssigkultur, wie oben beschrieben, unablässig. Hier genügt die Trübungszunahme als positiver Befund, eine mikroskopische Kontrolle ist jedoch angezeigt.

1.2.3 Vereinzelung der Anreicherungskultur

Zur Trennung der in der Anreicherung vorhandenen unterschiedlichen Mikroorganismenarten wird ein Vereinzelungsausstrich angelegt (vgl. B 5.4.2). Um sicher zu sein, daß die Abbaueigenschaft erhalten bleibt, sollte der Ausstrich auf einem Phenolagar erfolgen. Um gleichzeitig die Artenvielfalt der Anreicherungskultur feststellen zu können, wird zusätzlich ein Vereinzelungsausstrich auf einem Komplexmedium (z.B. R2A) angelegt. Nach Bebrütung bei 30 °C für 3 - 5 Tage (R2A) bzw. 5 - 8 Tage (Phenolagar) wird das Wachstum makroskopisch beurteilt und sicher als Einzelkolonien anzusprechende Kolonien mikroskopisch auf morphologische Gleichheit untersucht. Bei Kulturen von Phenolagarplatten ist die Wahrscheinlichkeit der Phenolverwertung durch die isolierte Kultur sehr hoch, nicht jedoch sicher. Bei Isolaten auf Komplexmedien ist dagegen die Abbaufähigkeit für Phenol trotz der vorherigen Anreicherung eher gering, aber durchaus nicht auszuschließen.

Sollten die Vereinzelungsausstriche keine eindeutigen Einzelkolonien als Ergebnis haben, oder die Mikroskopie unterschiedliche Zellformen zeigen, ist eine nochmalige Vereinzelung erforderlich. Hierzu genügt das Ausstreichen von biologischem Material auf der Phenolagarplatte.

1.2.4 Anlegen einer Subkultur in Flüssigmedium

Um letzte Sicherheit zu erlangen, daß die Isolate Phenol produktiv abbauen können, ist der Nachweis der Biomassebildung aus Phenol als alleinige Kohlenstoffquelle erforderlich. In einen Erlenmeyerkolben mit Mineralsalzmedium und 0,5 % Phenol werden zusätzlich Vitamin- und Spurenelementlösung gegeben und der Ansatz mit etwas Material aus der Isolationskultur mit einer Impföse beimpft. Der Kolben wird auf einer Schüttelmaschine bei ca. 100 Upm und 30 °C bebrütet. Die Zunahme der Trübung ist als einfach erfaßbarer Parameter für einen positiven Befund ausreichend, eine mikroskopische Kontrolle der Biomassezunahme (Zelldichte) zu empfehlen.

Stammt das Isolat von einer Phenolplatte, reicht ein Parallelansatz mit einer Einzelkolonie aus. Werden dagegen Kolonien von Komplexmedien geprüft, so sollten möglichst viele Einzelkolonien (im Einzelansatz) benutzt werden.

Ist die Trübungszunahme einziges Bewertungskriterium, so muß eine nicht beimpfte Blindprobe als Vergleichssystem mitgeführt werden.

1.2.5 Anlegen einer Reinkultur als Schrägagarkultur

Ist nach positivem Befund der Subkultur die Phenolabbaueigenschaft gesichert und durch mikroskopische Kontrolle die morphologische Gleichheit der Zellen gesichert, kann davon ausgegangen werden, daß eine phenolabbauende Reinkultur vorliegt. Diese Reinkultur wird auf Schrägagar-Röhrchen aufgezogen. Die Schrägröhrchen müssen zum Erhalt der Phenolabbaueigenschaft Phenol als Kohlenstoffquelle enthalten. Dazu werden mit Nährsalzlösung (analog B 1.2.2) gefüllte Kulturröhrchen im Autoklaven sterilisiert, nach Abkühlen auf ca. 50 °C steril mit Vitamin- und Spurenelementlösung und einer winzigen Spatelspitze Phenol versetzt, im Vibromischer durchmischt und zur Erstarrung in Schräglage abgelegt. Nach Abkühlen werden aus einer gut bewachsenen flüssigen Subkultur je ein Tropfen mit der sterilen Impföse auf die Agaroberfläche von zwei Röhrchen ausgestrichen. Zusätzlich ist der Ausstrich auf Schrägröhrchen mit Komplexmedium anzuraten. Eine eindeutige Beschriftung ist erforderlich, da mit diesen Isolaten weitere Versuche durchgeführt werden sollen. (Die Schrägröhrchen werden 1 Woche lang bei 20 - 25 °C bebrütet und anschließend im Kühlschrank gelagert).

1.3 Aufgaben

Erstellen Sie nach ausführlicher Besprechung bzw. Erarbeitung des Versuchsablaufes ein Fließdiagramm über alle Versuchsteile!

Erstellen Sie eine Aufstellung über alle benötigten Gefäße und Chemikalien!

Erstellen Sie nach Ihren Vorstellungen einen Zeitplan über den gesamten Versuchsablauf!

Korrigieren Sie Ihren Zeitplan nach den tatsächlich benötigten Zeiten!

1.4 Fragen zur Anreicherung und Isolierung von Mikroorganismen aus der Umwelt

Wann ist eine sterile Probennahme angezeigt und wann kann bei Proben aus der Umwelt auf sterile Entnahme verzichtet werden?

Sollten Proben zur mikrobiologischen Analyse eingefroren, im Kühlschrank, bei Raumtemperatur oder im Brutraum gelagert werden?

Nach welchen Kriterien lassen sich Mikroorganismen anreichern?

Wie ist der Unterschied zwischen Anreicherung und Isolierung zu charakterisieren?

Was ist eine Reinkultur und wozu wird sie in der Umwelttechnik benötigt?

2 Quantifizierung von Mikroorganismen aus Probenmaterial

Unter Quantifizierung von Mikroorganismen ist die Ermittlung der Anzahl, Menge oder Aktivität von Mikroorganismen zu verstehen.

2.1 Einführung und Zielvorgabe

Sowohl zur mikrobiologischen Analyse von Probenmaterialien aus der Umwelt als auch zur Verfolgung des Wachstums von Mikroorganismen bei Degradationsprozessen ist es notwendig, mikrobiologisches Material zu quantifizieren. Hierzu können direkte und indirekte Methoden zur Erfassung der Zellzahlen oder der Biomasse angewendet werden. In der Mikrobiologie haben sich als direkte Methoden zur Ermittlung der Zellzahl das Auszählen von Zellen in speziellen Zählkammern unter dem Mikroskop und das Auszählen von makroskopisch sichtbaren Mikroorganismen-Kolonien auf Agarplatten bewährt. Bei beiden Verfahren sind oft Verdünnungsschritte erforderlich, um in auszählbare Zellkonzentrationen (Titer) zu gelangen. Dies setzt für eine ausreichend genaue Zellzahlermittlung eine möglichst vollständige und gleichmäßige Suspendierung der Mikroorganismen voraus. Jedoch gerade bei Umweltproben sind diese Bedingungen nur selten gegeben. In der Natur wachsen die Mikroorganismen bevorzugt an Oberflächen. In allen Probenmaterialien, die Feststoffe enthalten, sind die meisten Bakterien und Pilze an diesen Feststoffen adsorbiert und in poröse Körper hineingewachsen. Durch das Aufschwämmen von Bodenmaterial in Wasser wird nur ein Teil dieser Organismen vom Feststoff abgerieben. Da sich heterogene Feststoffe aufgrund des stark unterschiedlichen Sinkverhaltens nicht gleichmäßig suspendieren lassen, treten bei der Herstellung von Verdünnungsreihen große systematische Fehler auf. Aber auch in Gewässern sind die Mikroorganismen häufig nicht gleichmäßig suspendiert. Neben der hier nur untergeordnet störenden Adsorption an auch in wässrigen Medien vorhandenen Feststoffen spielt die Flockenbildung eine bedeutende Rolle. Viele Mikroorganismen bilden durch Aggregation Zellkonglomerate aus, die häufig durch bakteriell gebildete Schleime sehr hohe Festigkeiten erreichen.

Mit mechanischer Zerstörung dieser Flocken würde man gleichzeitig einen Teil der Zellen mit zerstören. Damit ist auch mit wässrigen Systemen das Erstellen von fehlerfreien Verdünnungsreihen oft nicht möglich.
Bei der mikroskopischen Auszählung von Mikroorganismen werden die im mikroskopischen Bild erscheinenden Körper erfaßt. Pilze und Hefen lassen sich im Phasenkontrastbild leicht von Bodenpartikeln unterscheiden. Die sehr viel kleineren Bakterien (1 - 5 µm) lassen sich von gleichgroßen, morphologisch ähnlichen Bodenpartikeln nicht immer unterscheiden. Da bei feinstkörnigen Böden der Anteil solcher Bodenpartikel sehr groß sein kann, liegt hier neben den Verdünnungsfehlern eine weitere bedeutende Fehlerquelle vor. In der Bodenmikrobiologie beschriebene Färbemethoden (vgl. B 5.1.2) zur Differenzierung lebender Zellen von toter Materie können dieses Problem verringern. Nach Erfahrungen des Autors sind diese Methoden zur Zellzahlbestimmung aus tonhaltigen Bodenproben ohne Fluoreszenzmikroskop nur bedingt geeignet.
Die Zellzahlbestimmung aus Umweltproben durch Ausspatelung von Verdünnungsreihen auf Agarplatten hat trotz der beschriebenen Probleme eine weite Verbreitung gefunden.
Zur quantitativen Erfassung der Lebendkeimzahl auf Agarplatten ist die Verwertbarkeit der Nahrungsstoffe ein entscheidender Faktor. Sie beeinflußt die Geschwindigkeit des Wachstums und die Entwicklungsfähigkeit unterschiedlicher Spezies. Zur Zellzahlbestimmung werden daher komplexe, aus möglichst vielen gut verwertbaren organischen Komponenten zusammengesetzte Nährböden eingesetzt. Zudem müssen alle Wachstumsbedingungen weitgehend optimiert werden, um ein möglichst schnelles Wachstum zu erlauben. Vitamin- und Spurenelementzusätze (Hefeextrakt) verhindern Mangelsituationen, neutrale pH-Werte sorgen für ein weites Artenspektrum von Bakterien und günstige Temperaturen fördern die Wachstumsgeschwindigkeit.
Durch die Auswahl von Nährstoffen und Wachstumsbedingungen ist es möglich, Mikroorganismen mit speziellen Eigenschaften quantitativ zu erfassen. So können auf einem Nährboden, der als einzige Kohlenstoffquelle einen Schadstoff besitzt, nur die Mikroorganismen zu Kolonien heranwachsen, die diesen Schadstoff als Kohlenstoff- und Energiequelle nutzen können. Damit wird es möglich, eine differenzierte Zellzahlermittlung durchzuführen, die Rückschlüsse auf die quantitative und qualitative Zusammensetzung einer Mischkultur erlaubt.
In der Abwassertechnologie haben sich Bestimmungsmethoden zur Biomasseerfassung durchgesetzt, die der hier wichtigen Schlammproblematik besondere Aufmerksamkeit widmen. Da die Aktivität einer Kläranlage wesentlich von der Menge der aktiven Mikroorganismen abhängig ist, wird die Menge des Klärschlammes in der Anlage als ein entscheidender Leistungsparameter bestimmt. Dabei wird das Absetzverhalten der Biomasse als Methode benutzt. Zur schnelleren und vollständigeren Trennung der Biomasse aus dem Wasser können Flockungshilfsmittel zugesetzt werden. Die sich in einem Immhofftrichter unter definierten Bedingungen absetzende Schlammenge wird als Schlammvolumen

bestimmt. Die nur langsam oder gar nicht absetzbaren suspendierten Mikroorganismen werden nicht erfaßt.

In der klassischen Mikrobiologie werden Methoden benutzt, die genauer auf die Biomassegehalte eingehen. Bei der Bestimmung des Feuchtgewichtes wird durch Zentrifugation oder Filtration möglichst viel Wasser von den Mikroorganismen entfernt und nur das in den Mikrorganismen selbst enthaltene Zellwasser mit erfaßt.

Bei der Bestimmung der Trockenmasse wird durch vorsichtiges Verdampfen das Zellwasser bei 105 °C aus dem Filterkuchen entfernt und nur der organische und anorganische Feststoffgehalt der Biomasse berücksichtigt.

Die direkte Bestimmung der Biomasse setzt voraus, daß sie von der umgebenden Matrix weitestgehend zu trennen ist. Dies trifft für an Feststoffen adsorbierten Organismen nicht zu. Das heißt, daß die Biomassebestimmung in Böden mit direkten Methoden nicht möglich ist. Hier können nur indirekte Methoden Hilfe bieten. Bei vielen Böden und Feststoffen lassen sich klassische indirekte Methoden wie Protein- oder DNA-Bestimmung durch Störreaktionen der Matrix nur sehr bedingt anwenden. Die aus der Bodenkunde stammende Bestimmung der "Bodenatmung" hat sich als geeignetes Quantifizierungssystem auch in der Umweltmikrobiologie durchgesetzt. Durch Erfassung des O_2-Verbrauches oder der CO_2-Bildung durch aerobe Mikroorganismen ist ein Bezug zur aktiven Biomasse im Boden herzuleiten.

Eine in der Mikrobiologie wichtige Methode der indirekten Bestimmung der Zellzahl muß hier ebenfalls vorgestellt werden. Die Streuung von sichtbarem Licht durch suspendierte Partikel führt zu einem Verlust der Lichtintensität, der mit einer Fotozelle gemessen werden kann. Durch Bestimmung der Extinktion ist ein Rückschluß auf die Zellzahl möglich (vgl. A 2.1.2). Diese einfache Methode wird häufig in der Mikrobiologie zum Nachweis des qualitativen und quantitativen Stoffabbaus genutzt und kann natürlich auch zur Erfassung des Schadstoffabbaus in wäßrigen Medien auch in der Umweltmikrobiologie eingesetzt werden.

Zielsetzung des Versuches ist es, die Handhabung unterschiedlicher Methoden der Bestimmung von Zellzahlen und Biomasse zu erlernen und unterschiedliche Bestimmungsmethoden untereinander zu vergleichen. In den nachfolgenden Versuchen wird auf die hier eingeübten Methoden zurückgegriffen, so daß ein schneller und sicherer Umgang erzielt werden muß!

Zudem soll durch die Untersuchung unterschiedlicher Probenmaterialien aus der Umwelt eine mengenmäßige Orientierung bezüglich der (oft sehr großen) Zellzahlen und der (oft sehr geringen) Biomasse ermöglicht werden.

2.2. Versuchsdurchführung

Zeitbedarf:

Probenbeschaffung	2 bis 8 Stunden (je nach Standort)
Medienerstellung	8 bis 10 Stunden
Versuchsdurchführung	ca. 40 Stunden
Arbeitszeit	ca. 60 Stunden
Benötigte Zeitspanne	8 bis 10 Tage

Benötigte Geräte und Chemikalien:

Probennahmegefäße für Boden- und Wasserproben, Spatel oder Schüppchen, Erlenmeyerkolben (500 ml), Kulturröhrchen, Vibromischer, Mikroskop, Plastikpetrischalen, Glaspetrischalen, Drigalskispatel, div. Pipetten, Brutschrank, Autoklav, Imhoff-Trichter oder 1l-Standzylinder mit Gradation, Zentrifuge und Zentrifugenröhrchen, Trockenschrank, Sterilfilterapparatur und Membranfilter

Vollmedium (R2A; Standard I), Nährsalzlösung, Diesel, Agar-Agar

2.2.1 Probennahme und Probenbehandlung

Für die Entnahme von Bodenproben trifft die in C 1.2.1 beschriebene Vorgehensweise zu. Als Untersuchungsobjekte sollte ein möglichst gut belebter Boden aus Gartennutzung oder einer laufenden mikrobiologischen Bodensanierungsmaßnahme und ein gering belebter Boden aus stark verdichtetem Material (nicht versiegelter Weg/Straße) oder unbelastetem Sand (Bade- oder Baggersee) herangezogen werden. Aus der Probe sind grobe Partikel wie Steine (größer 0,5 cm), Ast- und Wurzelteile u.ä. zu entfernen. Auf steriles Arbeiten kann bei Ausschließen massiver Kontaminationen (durch nicht gereinigte Spatel oder mit Probenresten behaftete Glasgefäße) verzichtet werden. Sollte nach der Probennahme nicht umgehend eine Zellzahlbestimmung möglich sein, so muß die Bodenprobe im Kühlschrank gelagert werden, um den mikrobiologischen Status zu erhalten. Die Lagerung sollte nur wenige Tage (2 - 4) andauern.

Zur Bestimmung der Biomasse aus wässrigen Proben sollte ebenfalls ein hochkontaminiertes und ein gering bewachsenes Wasser untersucht werden. Dazu kann eine Probe aus einer biologischen Kläranlage entnommen werden. Es ist zu empfehlen, nach vorheriger Klärung des Prozederes sich zur Probennahme mit dem Betreiber einer Kläranlage zu treffen und sich ca. 2 Liter aus der Belebungsstufe bzw. dem Ablauf der Belebungsstufe geben zu lassen. Als Probengefäße sind dicht verschließbare Glas- oder Kunststoffflaschen sowie Kunststoffkanister geeignet.

Auf den meisten Kläranlagen sind geeignete Probennahmevorrichtungen vorhanden. Die Probengefäße sind eindeutig zu beschriften und umgehend ins Labor zu transportieren. Die Lagerung ist nur kurzfristig (1 - 2 Tage) im Kühlschrank möglich.

Eine gering bewachsene Wasserprobe ist aus Oberflächengewässern zu gewinnen. Für organisch gering belastete Wässer gilt: je größer die Fließgeschwindigkeit, desto geringer der mikrobielle Bewuchs. Die Entnahme einer Wasserprobe kann durch direktes Einlaufenlassen des Wassers in den Probenbehälter (ca. 500 ml Volumen) geschehen. Hier ist die Beschriftung mit einem Filzstift vor der Probennahme notwendig, da der Farbstoff auf nasser Oberfläche nicht haftet. Es kann als selbstverständlich angesehen werden, daß bei der Probennahme kein Risiko in Kauf genommen wird, das mit einem unfreiwilligen Bad endet!

Auch diese Wasserproben sind umgehend ins Labor zu bringen und können im Kühlschrank für 1 - 2 Tage gelagert werde.

2.2.2 Anlegen einer Verdünnungsreihe

Zur Bestimmung der Zellzahlen sind sowohl die Bodenproben als auch die Wasserproben zu verdünnen. Von den Bodenproben wird zunächst eine Muttersuspension angelegt. Dazu werden 10 g Boden in einem 500 ml Erlenmeyerkolben mit 100 ml oder 1 g Boden in einem Kulturröhrchen mit 10 ml Leitungswasser oder physiologischer Kochsalzlösung (0,9 % NaCl-Lösung) versetzt und intensiv mechanisch vermischt. Mit dem gleichen Verdünnungsmedium wird eine dekadische Verdünnungsreihe angelegt, indem aus der Muttersuspension nach Absetzen des Grobkornes (ca. 1 Minute) 1 ml in ein mit 9 ml gefülltes Kulturröhrchen überführt wird. Diese Prozedur wird nun mehrfach weitergeführt. Für den gut bewachsenen Boden wird eine Verdünnungsreihe bis 10^{-7}, für den gering bewachsenen Boden bis 10^{-4} benötigt.

Aus der Bioschlammprobe wird ebenfalls eine Muttersuspension angelegt, indem 10 ml mit 100 ml sterilem Leitungswasser bzw. physiologischer Kochsalzlösung versetzt wird.

Durch starken mechanischen Einfluß ist dafür zu sorgen, daß die in Flocken vorliegende Biomasse weitestgehend suspendiert ist. Der Einsatz von Rührer oder Mixern ohne Schneidwerkzeug ist durchaus angezeigt. Die mikroskopische Kontrolle gibt Auskunft über den Suspendierungseffekt.

Aus der Mutterprobe ist eine dekadische Verdünnungsreihe bis zur Verdünnungsstufe 10^{-8} zu erstellen.

Das gering bewachsene Wasser wird direkt als Muttersuspension angesehen und nur ein Mal auf Verdünnungsstufe 10^{-2} verdünnt.

Die Verdünnungen sind nicht aufzubewahren und sofort weiterzubehandeln.

2.2.3 Mikroskopische Bewertung der Zellzahl

Bei dieser Methode soll keine Zellzahl bestimmt, sondern lediglich ein optischer Eindruck über die Zelldichte im mikroskopischen Bild gewonnen werden. Nach mehrmaligem Mikroskopieren von Mikroorganismen-Suspensionen und dem Vergleich der Zellzahlbestimmungen wird schon nach kurzer Zeit eine Einschätzung der zur Zellzahlbestimmung nötigen Verdünnungsstufen möglich.

Aus unterschiedlichen Verdünnungsstufen werden Lebendpräparate (vgl. B 5.1.1) hergestellt, wobei ungefähr gleiche Tropfengrößen benutzt werden sollen.

Das bei einer 400fachen Vergrößerung im Phasenkontrast sichtbare Bild sollte in einem kleinen Ausschnitt für mehrere unterschiedliche Proben skizziert und der Verdünnungsfaktor festgehalten werden.

2.2.4 Ausspatelung auf einer Agarplatte mit Vollmedium

Aus allen Proben werden zur Bestimmung der Gesamtkeimzahl Ausstriche auf Nähragarplatten mit R2A-, Standard I- oder PC-Medium angelegt. Dazu werden jeweils 0,1 ml mit einer sterilen Pipette aus den Verdünnungsstufen 10^{-5}, 10^{-6} und 10^{-7} der gut bewachsenen, 10^{-2}, 10^{-3} und 10^{-4} der gering bewachsenen Bodenprobe sowie 10^{-6}, 10^{-7} und 10^{-8} des Schlammes und die Ausgangssuspension, 10^{-1} und 10^{-2}-Verdünnung des gering bewachsenen Wassers auf die Mitte einer Agarplatte gebracht und mit dem Spatel gleichmäßig verteilt (vgl. B 5.4.3). Nach 2 bis 4 Tagen Bebrütung bei 30 °C im Brutschrank werden die Platten ausgewertet. Dazu eignen sich Platten, die 50 bis 200 Kolonien aufweisen. Gezählt werden alle kreisrunden Einzelkolonien. Sind Kolonien aus mehreren eng beieinanderliegenden Zellen ineinander übergegangen, lassen sich aber sicher durch eine Teilkreisstruktur unterscheiden, so sind die Teilkreise als Kolonien zu zählen. Zur Sicherung der Ergebnisse sollte die nächst höhere Verdünnungsstufe zur ausgezählten Agarplatte ebenfalls ausgezählt werden. Ergeben sich hierbei auffällig starke Differenzen, so muß bei der Herstellung der Verdünnungsreihe fehlerhaft gearbeitet worden sein. Sollte bei den nach den oben angegebenen Verdünnungen erstellten Kulturen kein auszählbares Wachstum eingetreten sein, so ist der Versuch mit entsprechend niedrigeren oder höheren Verdünnungen zu wiederholen.

Aus der Multiplikation der gezählten Zellzahlen mit der Verdünnungsstufe und dem Impfvolumen von 0,1 ml lassen sich die Ausgangsgehalte von Koloniebildenden-Einheiten (KBE, engl. Colony Forming Units, CFU) bezogen auf ein g Feuchtboden bzw. ein ml Wasser berechnen.

Da mit dieser Methode nur vermehrungsfähige, also lebende Keime erfaßt werden und die Komplexnährmedien vielen Arten ein Wachstum erlauben, bezeichnet man die ermittelten Zelltiter auch als Gesamtlebendkeimzahl.

2.2.5 Ausspatelung auf einer "Diesel-Agarplatte"

Zur Ermittlung der Zelldichte von Mikroorganismen in einem Boden, die Mineralöl-Kohlenwasserstoffe (MKW) als einzige Kohlenstoff- und Energiequelle nutzen können, läßt sich die o.a. Methode ebenfalls nutzen. Als Nähragar wird Nährsalzlösung mit 1,5 % Agar-Agar versetzt, im Autoklaven sterilisiert, mit 0,2 bis 0,5 % Diesel bei ca. 50 - 70 °C (nach Sterilfiltration durch 0,2 µm-Filter) vermischt und in Glaspetrischalen gefüllt (ca. 3 mal mehr Nährmedium als bei Plastikpetrischalen notwendig, abhängig von Petrischalengröße). Als Ausgangsmaterial kann der gut bewachsene Boden, ein Boden aus einer mikrobiologischen Sanierungsmaßnahme oder eine Probe aus einem Tankstellen- oder Schrottplatzbereich benutzt werden. Als auszuspatelnde Verdünnungsstufen sind 10^{-3} bis 10^{-6} geeignet.
Falls möglich, sollten die Versuchsteile C 2.2.4 und C 2.2.5 gleichzeitig und mit dem gleichen Probenmaterial durchgeführt werden. Damit kann ein Vergleich der Zellzahlen MKW-abbauender Mikroorganismen zur Gesamtlebendkeimzahl erfolgen.

2.2.6 Bestimmung des Feuchtgewichtes von Biomasse

Um die Feuchtmasse einer Mikroorganismen-Suspension zu erhalten, muß durch geeignete Verfahren der Suspension möglichst viel Wasser entzogen werden, ohne dabei die Mikroorganismenzelle selbst zu zerstören. Weit verbreitet ist der Einsatz einer Zentrifuge zu diesem Zweck. Zur genauen Bestimmung der Feuchtmasse sollen möglichst große Volumina zur Zentrifugation eingesetzt werden.
Ein zuvor getrocknetes Zentrifugenröhrchen beziehungsweise trockener Becher wird mit einem definierten Volumen einer gut durchmischten Schlamm-suspension gefüllt und ca. 20 Minuten bei 3 - 5 g zentrifugiert.
Das Röhrchen sollte aus Glas oder hitzestabilem Kunststoff (bis 105 °C) bzw. der Becher aus Edelstahl bestehen. Nach dem Zentrifugieren ist der wässrige Überstand sorgfältig zu dekantieren, das Zentrifugenröhrchen von außen abzutrocknen und auszuwiegen. Je nach Zentrifugenröhrchen-Größe muß eine geeignete Waage ausgewählt werden.
Durch Differenzbestimmung zum Ausgangsgewicht erhält man die Feuchtmasse der Mikroorganismen-Suspension.

2.2.7 Bestimmung des Trockengewichtes von Biomasse

Um das Zellwasser aus den Organismen entfernen zu können und so nur den Feststoffanteil der Biomasse zu bestimmen, wird eine zuvor vom Umgebungswasser getrennte Schlammprobe bei 105 °C im Trockenschrank bis zur Gewichtskonstanz getrocknet. Die benötigte Zeit ist vom Volumen der Probe abhängig. Um sicher die Trockenmasse herstellen zu können, ist eine

"Übernachttrocknung" (ca. 12 bis 16 Stunden) angezeigt. Als Ausgangsmaterial kann die nach Erfassung der Feuchtmasse verbleibende Probe aus C 2.2.6 benutzt werden.

Als gängige Methode zur Trockenmassebestimmung wird die Filtration über ein Membranfilter der Porengröße 0,2 µm eingesetzt. Hierzu gibt es spezielle Filterapparaturen, bei denen das Wasser bei Unterdruck durch den Filter gesaugt wird (s. Abb. B 3.2). Der zuvor ausgewogene Filter kommt mit dem Filtrat aus der Schlammprobe (üblicherweise 10 ml) zum Trocknen, wie oben beschrieben, in einen Trockenschrank. Beim anschließenden Auswiegen des getrockneten Filters muß vorsichtig hantiert werden, da das Filtermaterial spröde ist und zum Abbrechen neigt. Geringe Filtermaterialverluste wirken sich aber deutlich auf den Meßwert aus.

2.3 Aufgaben

Erstellen Sie ein Fließdiagramm des gesamten Versuchsablaufes!

Ermitteln Sie (bei mehreren Praktikumsgruppen) die statistischen Mittelwerte aller Versuchsgruppen und diskutieren Sie Ihr Ergebnis!

Vergleichen Sie die Gesamtlebendkeimzahl und die Keimzahl für MKW-Abbauer der gleichen Probe (auch hier statistische Vergleiche bei mehreren Bestimmungen aus einer Probe)!

2.4 Fragen zur Quantifizierung von Zellzahl und Biomasse

Gibt es eine Beziehung zwischen Zellzahl und Biomasse?

Wie unterscheiden sich direkte von indirekten Bestimmungsmethoden zur Zellzahlerfassung?

Warum lassen sich Mikroorganismen aus Umweltproben nicht mit einfachen Zählverfahren mikroskopisch quantifizieren?

Was sind Kolonie-bildende-Einheiten und wie werden sie bestimmt?

Welche Keimgehalte (Gesamtkeimtiter) sind in einem gut bewachsenen Gartenboden zu erwarten?

3 Erstellen eines Abbauspektrums

Die Möglichkeit einer Mikroorganismenspezies oder einer Mischkultur, mehrere Nährstoff-/Schadstoffkomponenten gleichzeitig zur Biomassebildung zu nutzen, ist die Grundlage für den Einsatz von Mikroorganismen in der Umwelttechnik.

3.1 Einführung und Zielvorgabe

Während es meist sehr aufwendig und schwierig ist, über die chemische Analytik die Mineralisierung unterschiedlichster Stoffe in einem Gemisch verschiedenartiger Verbindungen im Abwasser und vor allem im Boden nachzuweisen, ist es recht einfach, den produktiven Abbau von Einzelverbindungen durch Mikroorganismen festzustellen. Zur Abschätzung der mikrobiellen Abbaubarkeit von Chemikalien in der Umwelt ist es daher oft sinnvoll, die qualitative Abbaukapazität einer Mischkultur zu charakterisieren. Häufig stellt sich dabei die Frage nach dem mikrobiellen Abbau chemisch schlecht nachweisbarer Verbindungen und "biologisch problematischer" Einzelstoffe, also schwer abbaubarer Xenobiotika. Wie bereits mehrfach erwähnt, können sich Mikroorganismen nur dann vermehren und Kolonien bilden, wenn sie die vorliegende C-Quelle als Kohlenstoff- und Energielieferanten nutzen können. Bietet man also einer Mischpopulation aus einer Boden- oder Wasserprobe einen chemischen Reinstoff als einzige C-Quelle an und findet ein üppiges Wachstum vor, so kann die produktive Verwertung als sicher angenommen werden. Durch Anbieten einer ganzen Reihe unterschiedlicher Stoffe in unterschiedlichen Kulturgefäßen läßt sich ein Abbauspektrum erstellen. Das Abbauspektrum kann sowohl für Mischkulturen als auch für Reinkulturen erstellt werden. Während bei der Mischkultur die potentielle Abbaukapazität eines mikrobiellen Systems geprüft wird, ergibt sich für eine Reinkultur die Abbaukapazität einer Spezies.
Diese einfache Prüfung der Stoffverwertung sagt noch nichts über den Abbaugrad aus. Es kann aber beim aeroben Abbau von niedrigmolekularen Verbindungen von einer Mineralisierung ausgegangen werden. Ebenfalls ist kein sicherer Rückschluß auf die Abbaubarkeit der Stoffe im Gemisch möglich. Es bleibt zum einen eine wenn auch geringe Wahrscheinlichkeit, daß einzelne durchaus

abbaubare Chemikalien den Abbau einer anderen, ebenfalls abbaubaren Verbindung, verhindert.

Andererseits ist der Schluß, daß eine als Einzelstoff nicht abbaubare Verbindung auch im Gemisch verbleibt, ebenfalls nicht möglich, da es mikrobiologische Mechanismen gibt, die zum Abbau von Stoffen führen, die selbst nicht zur Energiegewinnung geeignet sind (Kometabolismus).

Sicher ist abzuleiten, daß bei Reinkulturen ein auf die geprüften Stoffe begrenztes Abbauspektrum vorhanden ist. Es gibt aber auch Abbausequenzen, die von mehreren Mikroorganismen gleichzeitig durchgeführt werden, also nur in einer dazu befähigten Mischkultur geprüft werden können. Da meist undefinierte Mischkulturen in der angewandten Umweltmikrobiologie geprüft werden, bleiben solche Abbausequenzen unerkannt.

Das Erstellen von Abbauspektren ist immer dann angezeigt, wenn ohne chemische Analytik eine Aussage zur mikrobiologischen Abbaubarkeit von Stoffgemischen erforderlich ist, wenn die Abbaukapazität einer Reinkultur geprüft werden soll, und wenn die prinzipelle mikrobielle Verstoffwechselung einer Problemsubstanz in einem Stoffgemisch fraglich ist.

Im nachfolgenden Versuch soll geprüft werden, ob eine Mischkultur in der Lage ist, unterschiedliche Komponenten aus Mineralöl-Kohlenwasserstoffen abzubauen und ob die in Versuch C 1 angereicherte und vereinzelte Kultur auf unterschiedlich methylierten Phenolen wachsen kann.

3.2 Versuchsdurchführung

Zeitbedarf:

Probenbeschaffung	1 bis 2 Stunden
Medienerstellung	8 bis 10 Stunden
Versuchsdurchführung	ca. 20 Stunden
Arbeitszeit	ca. 30 Stunden
Benötigte Zeitspanne	7 bis 10 Tage

Benötigte Geräte und Chemikalien:

Probennahmegefäß für Bodenprobe, Spatel, Plastik- oder Glaspetrischalen, Erlenmeyerkolben (100 ml)

Nährsalzlösung, Cyclohexan, Dodekan, Monomethyl-Dekan, Dimethyl-Dekan, Agar-Agar

3.2.1 Anlegen von Kulturen auf Agarplatten

Es werden Agarplatten hergestellt, die als Basismedium einen Nährsalz-Agar (1,5 %) mit Vitamin- und Spurenelementzusatz besitzen. Dem noch flüssigen Agar werden vor Eingießen in die Plastik- oder Glaspetrischalen jeweils 2,5 mM Cyclohexan, Cyclopentan, Dodekan, Monometyl-Dekan, Monoethyl-Dekan und Dimethyl-Dekan untergemischt. Die gut abgekühlten (Kühlschrank) Platten lassen sich bei geringerem Entdampfen der Schadstoffe besser beimpfen.

Vom mineralölabbauende Mikroorganismen enthaltenden Boden wird eine frische Suspension mit 10 % Feststoff in sterilem Leitungswasser angesetzt. Von dieser Suspension können nach Absetzen des Feststoffes 0,1 ml auf der Agaroberfläche ausgespatelt (wie bei Versuch C 2) oder ein einfacher Ausstrich mit der Impföse (vgl. B 4.4.1) angelegt werden. Beim Ausspateln bildet sich je nach Mikroorganismen und Stoffabbau ein Rasen oder Koloniewachstum aus. Beim Ausstrich entwickelt sich bei Abbaufähigkeit nur auf der Ausstrichlinie ein Wachstum auf dem gesamten Strich oder ebenfalls in Form einzelner Kolonien aus. Auf Agarplatten läßt sich somit nach einer Bebrütung bei 25 bis 30 °C von 7 bis 10 Tagen zuverlässig das Wachstum nachweisen.

Zum Nachweis des Abbaupotentials der isolierten Reinkultur, die Phenol als Kohlenstoff- und Energiequelle nutzen kann, werden Agarplatten mit 2,5 mM Phenol, o-Kresol, 2,3-Xylol und 2,5-Xylol als jeweils einziger C-Quelle hergestellt (s.o.). Zur Beimpfung wird mit der Impföse direkt Material aus dem Schrägagar-Röhrchen entnommen und im einfachen Ausstrich auf die Platte gebracht. Nach ca. 7 Tagen Bebrütung ist eine Auswertung möglich.

Werden die Versuche als Einzelversuche durchgeführt, so sollten Parallelansätze mitgeführt werden, bei Gruppenversuchen mit gleichem Material können Vergleiche unter den Gruppen angestellt werden.

3.2.2 Anlegen von Schüttelkulturen

Wie bereits erwähnt, befinden sich im Agar Verunreinigungsspuren, die zu einem mikrobiellen Wachstum führen können und damit das Ergebnis verfälschen. Es ist daher günstig, neben den Agarkulturen auch Schüttelkulturen zu untersuchen. In Erlenmeyerkölbchen wird das gleiche Material mit Ausnahme des Agars angesetzt und mit o.a. Kulturen beimpft. Als Impfmaterial mit der Mischkultur eignet sich die Suspension mit 5 - 10 %igem Ansatz, je nach Trübungsdichte. Die phenolhaltigen Schüttelkolben können mit einer gut befüllten Impföse inokuliert werden. Auch hier sind bei Einzelversuchen Parallelansätze erforderlich. Durch tägliche makroskopische Kontrolle ist die Trübungszunahme zu erfassen. Ist das Ergebnis nicht eindeutig, so kann mit Hilfe der Mikroskopie eine Abschätzung der Biomassezunahme erfolgen. Dazu ist es nötig, ca. eine Stunde nach dem Beimpfen einen Ausgangsstatus zu erstellen, der durch genaue Protokollierung des mikroskopischen Bildes ermöglicht wird.

3.3 Aufgaben

Zur Auswertung des Versuches ist es günstig, eine tabellarische Aufstellung der Ergebnisse anzufertigen. Je mehr unterschiedliche Kulturen und unterschiedliche Verbindungen (Auswahl kann in diesem Versuch sinnvoll erweitert werden) zur Prüfung kommen, desto genauer wird das Abbauspektrum. Es empfiehlt sich also eine Gruppenauswertung. Erstellen Sie eine entsprechende Tabelle!

Für die Schüttelkulturen läßt sich eine subjektive Quantifizierung des Wachstums erstellen, indem man mit einer gestaffelten + Anordnung (kein Wachstum -) die sich entwickelnde Zelldichte erfaßt.

+	geringes Wachstum
++	deutliches Wachstum
+++	gutes Wachstum

Erstellen Sie eine Tabelle mit subjektiven Wachstumsangaben zu den unterschiedlichen Kulturen bei der Bestimmung des Wachstumsspektrums in Schüttelkolben nach unterschiedlichen Bebrütungszeiten!

Um die erhaltenen Ergebnisse kritisch bewerten zu können, sollte die chemische Strukturformel der eingesetzten Verbindungen aufgemalt werden. Diskutieren Sie Struktur und Abbaubarkeit der geprüften Verbindungen!

3.4 Fragen zur qualitativen Abbauleistung von Mikroorganismen

Was vesteht man unter einem produktiven Abbau?

Warum spielen Kohlenstoffverbindungen eine große Rolle im mikrobiellen Stoffwechsel?

Welche Einflußfaktoren bestimmen in welcher Weise den mikrobiellen Stoffabbau (qualitativ, quantitativ)?

> Molekülgröße
> Kettenlängen bei Stärke, Alkanen
> Vernetzungsgrad bei Stärke
> Verzweigungsgrad bei Alkanen
> Kondensationsdichte bei Policyclen (PAK)
> Wasserlöslichkeit
> Adsorptionfähigkeit
> Toxizität, Mutagenität

4 Stoffabbau und Zellentwicklung in einem phenolhaltigen Modellabwasser

4.1 Einführung und Zielvorgabe

Finden Mikroorganismen ein verwertbares Substrat und geeignete Wachstumsbedingungen vor, so bilden sie unter Substratverbrauch Biomasse. Neben der Kohlenstoffquelle müssen dazu Stickstoffverbindungen und Phosphat in geeigneten Mengen (C:N:P = 100:10:1) sowie Nährsalze und Spurenstoffe vorhanden sein. Liegen alle Stoffe zu Beginn einer Kultur vor und werden im Verlauf des Wachstums nicht mehr von außen verändert, spricht man von einer Satz- oder Batch-Kultur. Lediglich die Belüftung muß von außen geschehen, damit ausreichende Sauerstoffmengen eingetragen und die gasförmigen Abprodukte (vorwiegend CO_2) ausgetragen werden können.

Das mikrobielle Wachstum geschieht durch Zweiteilung, also aus jeder Mutterzelle entstehen zwei Tochterzellen, die ihrerseits wieder zu Mutterzellen werden und zwei neue Tochterzellen hervorbringen. Damit entspricht die Vermehrung von Mikroorganismen einer geometrischen Progression:

$$2^0 \ 2^1 \ 2^2 \ ..... \ 2^m$$

Enthält eine Batch-Kultur nach dem Beimpfen zur Zeit $t = t_0$ eine Zelldichte von n_0 Zellen, so beträgt die Zellzahl n nach m Teilungen zur Zeit $t = t'$ $n_0 \cdot 2$. Durch Logarithmierung erhält man:

$$\lg n = \lg n_0 + m \lg 2$$

Sind die Werte für n und n_0 bekannt, läßt sich nach folgender Gleichung die Anzahl der Teilungen m bestimmen:

$$m = \frac{\lg n - \lg n_0}{\lg 2}$$

Die Anzahl der Teilungen in einer Stunde wird als Teilungsrate ν bezeichnet. Sie läßt sich mit folgender Gleichung bestimmen:

$$\nu = \frac{m}{t} = \frac{\lg n - \lg n_0}{\lg 2 \, (t - t_0)}$$

Als Generationszeit g wird der für einen Teilungszyklus benötigte Zeitraum definiert:

$$g = \frac{t}{n} = \frac{1}{\nu}$$

Betrachtet man die Biomasseentwicklung einer nicht limitierten Bakterienkultur als sich autokatalytisch vermehrendes System, so folgt die Veränderung der Zellmasse x der Kinetik einer Reaktion 1. Ordnung. Während des ungehinderten exponentiellen Wachstums gilt:

$$\frac{dx}{dt} = \mu \, x$$

Die Konstante μ wird als Wachstumskonstante bezeichnet und ist artspezifisch. Es können demnach unterschiedliche Bakterien auf dem gleichen Substrat und unter gleichen Bedingungen unterschiedlich schnell wachsen.

Wird die Gleichung integriert, so erhält man:

$$x = x_0 \cdot e^{\mu t}$$

Bei einer Verdoppelung der Zellmasse, also der Entwicklung von 2·x gilt:

$$2 x_0 = x_0 \cdot e^{\mu t_d}$$

wobei t_d die Zeit zur Verdoppelung der Zellmasse ist. Durch Kürzen von x_0 entsteht:

$$2 = e^{\mu t_d}$$

$$\ln 2 = \mu \cdot t_d$$

Nach μ aufgelöst erhält man:

$$\mu = \frac{\ln 2}{t_d} = \frac{0{,}693}{t_d}$$

Für die Wachstumsrate ν besteht zur Wachstumskonstante folgende Beziehung:

$$\nu = \frac{1}{t_d} = \frac{\mu}{0{,}693}$$

Die hier aufgestellten Beziehungen gelten für idealisierte Bedingungen, die nur selten ohne Einschränkungen auftreten. Im Bereich der Umweltmikrobiologie und Umweltbiotechnologie ist immer mit Limitierungen zu rechnen, so daß die zu berechnenden Werte höchstens als vergleichende Orientierungen anzusehen sind. Neben solchen Limitierungen spielen auch chemische Eigenschaften der abzubauenden Stoffe eine Rolle. Ist die Kohlenstoffquelle ein Schadstoff, so kann dieser auch für den zum Abbau dieses Stoffes befähigten Mikroorganismus bzw. einer Mischkultur toxisch sein. Die Giftwirkung ist abhängig von der Konzentration. Damit ist eine obere Grenze der Schadstoffkonzentration gegeben, die nicht überschritten werden darf, da ansonsten der Abbau gehemmt oder gar unterbrochen wird.

Es gibt aber auch für viele Schadstoffe eine Minimalkonzentration, bei deren Unterschreitung ein prinzipiell möglicher Abbau nicht stattfindet, da die notwendige Enzymsynthese unterbleibt. Häufig ist auch festzustellen, daß eine "Restkonzentration" im System verbleibt, obwohl abbauaktive Organismen nachzuweisen sind und keine Limitationen auftreten. Die hier verantwortlichen Mechanismen sind bisher nicht geklärt.

Batch-Kulturen lassen sich in unterschiedlichen Kulturgefäßen und Kulturverfahren realisieren. Neben Standkulturen in Erlenmeyerkolben oder Penicillinkolben bei langsamen mikrobiologischen Prozessen (Anreicherung autotropher Mikroorganismen) oder zur Vermeidung mechanischer Einflüsse (Oberflächenkulturen mit Pilzen) als ein Extrem und der Kultivierung in vollständig durchmischten Rührkessel-Bioreaktoren als anderes Extrem, hat sich im Laboralltag die Schüttelkultur in Erlenmeyerkolben durchgesetzt. Mit diesem Kultivierungsverfahren lassen sich viele Fragestellungen der Mikrobiologie, auch der Umwelt-Mikrobiologie klären.

Zielsetzung des nachfolgend beschriebenen Versuches ist es, mit dieser klassischen Methode das Zellwachstum einer Reinkultur und den Substratverbrauch einer Reinsubstanz zu verfolgen und grafisch darzustellen. Die o. a. Berechnungen sollen an diesem einfachen realen System durchgeführt werden.

4.2 Versuchsdurchführung

Zeitbedarf:

Medien- und Reagenzienherstellung	20 - 15 Stunden
Versuchsdurchführung	10 - 14 Tage
Arbeitszeit	60 - 70 Stunden

Benötigte Geräte und Chemikalien:

Schüttelmaschine, Schüttelkolben 2000 ml, Fotometer, Glasgeräte für Extraktion und/oder Destillation (Phenol-Index), Sterilisationsgerät und Membranfilter, Petrischalen, Brutschrank
Nährsalzlösung, Phenol, Komplexnährboden, Agar-Agar, Reaktionschemikalien für Phenol-Index

4.2.1 Anlegen einer Schüttelkultur mit phenolabbauenden Bakterien und Modellabwasser

Ein möglichst großer Erlenmeyerkolben (2000 ml Volumen) wird mit 500 ml Modellabwasser, das dem Flüssigmedium im vorhergehenden Versuch entspricht (vgl. C 3.2.2), befüllt und mit 50 ml einer 24 Stunden alten Vorkultur (Schüttelkultur) auf gleichem Medium beimpft. Die Kultur wird bei 30 °C auf einer Schüttelmaschine mit ca. 100 Upm (Schüttelgeschwindigkeit so einstellen, daß der Zellstoffstopfen nicht naß werden kann) bebrütet. Nach einer Schüttelzeit von ca. einer Stunde wird die Zeit t_0 definiert und die erste Probe (35 ml) unter möglichst sterilen Bedingungen entnommen.
Aus dieser Probe werden 1 ml für die Zellzahlbestimmung, 10 ml für die Trockenmassebestimmung und 20 ml für die Phenolbestimmung benötigt. Die Probennahme wird alle 3 Stunden wiederholt.

4.2.2 Bestimmung der Phenolkonzentration als Phenol-Index

Eine recht einfache und für die anliegenden Versuche ausreichende Nachweismethode ist die Bestimmung der Phenole im Wasser als Phenol-Index nach DEV-Vorschrift DIN 38 409 - H 16. Der besondere Vorteil dieses Analyseverfahrens ist, daß von der apparativen Ausstattung neben einigen besonderen Glasgefäßen nur ein Fotometer mit einer Lichtwellenerzeugung im visuellen Bereich benötigt wird. Mit Hilfe von 4-Aminoantipyrin unter alkalischen Bedingungen wird die aromatische Verbindung Phenol angefärbt und die Farbintensität, die von der Phenolkonzentration abhängt, fotometrisch gemessen. Da die nachfolgend vorgestellten Methoden, H 16 - 1 für niedrige Phenolkonzentrationen und H 16 - 3 für hohe Konzentrationen, in der Umweltanalytik einen breiten Raum einnehmen, werden sie hier sehr detailliert dargestellt.

Bestimmung des Phenol-Index nach Farbstoffextraktion
Verfahren DIN 38 409 - H 16 - 1

Das hier beschriebene Verfahren eignet sich zur Phenol-Index-Bestimmung bei gering oder mäßig belasteten Wässern, da damit mit Wasserdampf flüchtige und nichtflüchtige, oxidativ kupplungsfähige Substanzen (Phenole) erfaßt werden können. Es ist direkt anwendbar auf Trinkwasser und mäßig belastete Oberflächenwässer mit einem "Phenol-Index ohne Destillation mit Farbstoffextraktion" von 10 bis 150 ug/l, bezogen auf Phenol.

Benötigte Geräte:

Fotometer, geeignet für den Einsatz bei 460 nm
Küvetten, Schichtdicke 1 cm
Scheidetrichter, Nennvolumen 1 l
Probennahmeflasche, Nennvolumen 1 l aus braunem Glas
Meßkolben, Nennvolumen 50, 100, 500 und 1000 ml
Meßzylinder, Nennvolumen 25 und 50 ml
Meßpipetten, Vollpipetten oder Dispenser, Nennvolumen 1, 2, 5, 10, 20, 25, 50 und 100 ml
Glastrichter
pH-Meßgerät
Schüttelmaschine

Benötigte Chemikalien:

<u>Salzsäure</u>, 1 Volumenteil Salzsäure, HCl, 1,12 g/ml, zu 1 Volumenteil Wasser (Aqua dest.) geben.
<u>Natronlauge</u>, 40 g NaOH in Wasser lösen, mit Wasser auf 100 ml auffüllen, in einer Polyethylenflasche aufbewahren.
<u>Ammoniaklösung</u>, NH_3, 0,91 g/ml
<u>Pufferlösung</u>, pH-Wert 10,
34g Ammoniumchlorid,NH_4Cl, 200 g Kalium-Natrium-Tartrat, $KNaC_4H_4O_6 * 4 H_2O$, in 700 ml Wasser lösen
150 ml der Ammoniaklösung zusetzen, die Lösung mit Wasser auf 1 l verdünnen.
<u>Aminoantipyrin-Lösung</u>, 2,0 g 4-Amino-2,3-dimethyl-1-phenyl-3-pyrazolin-5-on, $C_{11}H_{13}N_3O$, in Wasser lösen, mit Wasser auf 100 ml auffüllen, die Lösung vor Gebrauch frisch ansetzen; wenn beim Auflösen rote Partikel zurückbleiben, ist das Reagenz nicht mehr verwendbar.
<u>Peroxidisulfat-Lösung</u>, 0,65 Kaliumperoxidisulfat, $K_2S_2O_8$, in 100 ml Wasser lösen. In einer dunklen Flasche ist die Lösung etwa eine Woche haltbar.

Ascorbinsäure, $C_6H_8O_4$
Natriumsulfat, Na_2SO_4, wasserfrei, 2 Stunden bei 200 °C getrocknet
Kupfersulfat, $CuSO_4 \times 5\ H_2O$
Kaliumiodat, KIO_3, bzw. Kaliumiodat-Stärke-Indikator
Kaliumiodid, bzw Kaliumiodid-Stärke-Indikator
Chloroform*, $CHCl_3$
Phenol-Stammlösung, 1,0 g/l, 1,00 g unzersetztes Phenol, C_6H_5OH, in Wasser auflösen, mit Wasser auf 1000 ml auffüllen.
Die Lösung ist etwa eine Woche haltbar.

* Alle Chloroformextrakte müssen für die Umwelt schadlos beseitigt werden.

Aus der Phenol-Stammlösung sind die Phenol-Standardlösungen durch entsprechende Verdünnung mit Wasser frisch anzusetzen:
Phenol-Standardlösung I, 10 mg/l, entspricht 10 ml der Phenol-Stammlösung in 1000ml Wasser
Phenol-Standardlösung II, 1,0 mg/l, entspricht 100 ml der Phenol-Standardlösung I in 1200 ml Wasser
Phenol-Standardlösung II, 0,1 mg/l, entspricht 10 ml der Phenol-Standardlösung I in 1000 ml Wasser

Durchführen der Bestimmung des Phenol-Index nach H 16 - 1: Die Probe sollte möglichst rasch, nicht länger als vier Stunden nach der Probennahme aufgearbeitet werden, da chemische und biologische Oxidationen den Phenolgehalt senken können. Ist eine kurzfristige Aufarbeitung allerdings nicht möglich, kann durch Senken des pH-Wertes auf einen Wert unter 4 und durch Zugabe von 1 g Kupfersulfat pro Liter Probenmaterial, die Probe bei 4 °C im Kühlschrank für ca. 24 Stunden gelagert werden. Vor Aufarbeitung der Probe ist das eventuell ausgefällte Kupfersulfid abzutrennen.
Für die Versuchsdurchführung nach DIN-Vorschrift ist ein Probevolumen von 500 ml erforderlich. Bei sehr gering belasteten Wässern ist diese Probenmenge als Originalsubstanz einzusetzen. Sollen höher belastete Wässer, wie im vorliegenden Versuch, analysiert werden, kann mit entsprechenden Verdünnungen gearbeitet werden. Hier sind bei der Auswahl der Phenol-Index-Methode das Kolbenvolumen, die Probenanzahl und die benötigte Genauigkeit die entscheidenden Kriterien. Zur fotometrischen Messung ist eine Vergleichsprobe ohne Phenol erforderlich. Alle nachfolgend beschriebenen Schritte werden daher mit einer Aqua dest.-Probe parallel angesetzt. Der mit diesem Probenansatz gemessene Extiktionswert A_0 ist mit dem errechneten Wert A_{S0} (s.u.) zu vergleichen. Signifikante Unterschiede dürfen nicht auftreten.
Die (verdünnten) Probe wird, sollte sie nicht wie o.a. konserviert sein, auf pH < 4 angesäuert, mit 0,5 g Kupfersulfat versetzt und in einen Scheidetrichter mit 20 ml Pufferlösung gegeben. Der pH-Wert sollte dabei einen Wert von $10 \pm 0{,}2$ erreichen (notfalls nachstellen). Nach Zugabe von 3 ml Aminoantipyrin-Lösung

und kurzzeitigem Umschütteln (ca. 30 Sekunden), Zugabe von 3 ml Peroxidsulfat-Lösung und nochmaligem kurzzeitigen Umschütteln wird das Reaktionsgemisch für 30 bis maximal 60 Minuten lichtgeschützt stehengelassen. Anschließend erfolgt durch Zugabe von 25 ml Chloroform und 5minütigem Schütteln auf der Schüttelmaschine die Farbstoffextraktion. Die Phase mit dem organischen Extraktionsmittel wird von der wässrigen Phase getrennt und über eine Schicht aus ca. 5 g Natriumsulfat in einen 25 ml Meßkolben filtriert. Durch Nachwaschen erfolgt eine Ergänzung des organischen Lösemittels auf genau 25 ml.

Von den Extrakten der Proben und der Blindprobe wird die Extinktion bei 460 nm gegen reines organisches Lösemittel gemessen. Zwischen Extraktion und Messung ist der Zeitraum von vier Stunden nicht zu überschreiten.

Zur Berechnung der Phenolkonzentration aus den Extinktionswerten ist eine Eichkurve zu erstellen. Diese Eichkurve sollte den Meßbereich der Proben abdecken und mit den Phenol-Standardlösungen I bis III, je nach zu erwartenden Phenolkonzentrationen, erstellt werden. Als Beispiel wird der in der DEV vorgestellte Meßbereich von 20 bis 200 µg/l übernommen.

In einer Serie von sechs Meßkolben, Nennvolumen 500 ml, pipettiert man in den ersten Kolben 10 ml, in den zweiten 20 usw. bis in den fünften Kolben 50 ml der Phenol-Standardlösung II, in den sechsten Kolben wird kein Phenol gegeben (Blindwert). Nach gutem Durchmischen der fünf Kolben liegen Lösungen mit Phenolkonzentrationen von 20, 40, 60, 80 und 100 µg/l vor. Diese werden nach der o.a. Vorgehensweise behandelt. In ein Koordinatensystem werden auf der Abszisse die Massenkonzentrationen der Eichproben an Phenol aufgetragen. Allgemein kann man diese nach der Gleichung berechnen:

$$K_{\text{Phenol Eich}} = \frac{V_S \cdot K_{\text{Phenol Standard}}}{V_E}$$

Hierbei bedeuten:

$K_{\text{Phenol Eich}}$ Phenol in µg/l   Massenkonzentration der jeweiligen Eichprobe an
V_S angewandte Volumen der Phenol-Standardlösung in ml
V_E maxiimales Eichprobenvolumen (hier 500 ml)
$K_{\text{Phenol Standard}}$ Massenkonzentration der angewandten Phenol-Standardlösung in µg/l

Auf der Ordinate werden die zu den jeweiligen Massekonzentrationen gehörenden Extinktionswerte aufgetragen. Für die so erhaltene Meßwertreihe ermittelt man die Ausgleichsgerade. Der Wert der Steigung ergibt die Empfindlichkeit b in der Einheit l/µg, der Ordinatenabschnitt ist die berechnete Extinktion A_{SO} der Probe ohne Phenol-Standardlösung (Blindprobe). Diese sowie die Steigung der

Geraden sind von Zeit zu Zeit, besonders wenn eine neue Charge der benötigten Chemikalien zur Anwendung kommt, zu überprüfen.
Für jedes Fotometer und für jede Schichtdicke einer Küvette muß eine eigene Eichkurve aufgestellt werden.
Der Phenol-Index im Sinne der DEV-DIN wird nach der Gleichung berechnet:

$$I_{Phenol} = \frac{(A_S - A_{S0}) \cdot V_m}{V_p \cdot b}$$

Hierbei bedeuten:

I_{Phenol}	Phenol-Index in der Wasserprobe in ug/l
A_S	Extinktion der Wasserprobe
A_{S0}	berechnete Extinktion der Blindprobe
b	ermittelte Empfindlichkeit in l/ug
s	Index als Hinweis auf die gewählte Schichtdicke
V_m	maximal eingesetztes Volumen der Wasserprobe (500 ml)
V_p	angewandtes Volumen der Wasserprobe, in ml (gegebenenfalls unter Berücksichtigung der Anzahl n der Verdünnungsschritte

$$V_p = \frac{500}{2^n} \text{ (ml)}$$

Bestimmung des Phenol-Index nach Destillation ohne Farbstoffextraktion Verfahren DIN 38 409 - H16 - 3

In den Praktikumsversuchen werden recht hohe Phenolkonzentrationen eingestellt. Bei ausreichendem Probenvolumen ist es möglich, diese, für den Meßbereich 0,1 bis 1,0 mg/l geeignete und damit genauere Methode anzuwenden.

Zusätzlich zu den bereits aufgelisteten Geräten werden benötigt:

Fotometer, geeignet für Messungen bei 510 nm
Scheidetrichter, Nennvolumen 250 ml
Destillationsapparatur, bestehend aus:
Rundkolben mit Kegelhülse, Nennvolumen 250 ml
Destillieraufsatz mit Hülsenschliff HNS 14/23 und Kernschliff KNS 19/32
Kühler
Meßzylinder als Vorlage, Nennvolumen 100 ml
Magnetrührstab, PTFE-ummantelt

Zusätzlich zu den bereits aufgelisteten Chemikalien werden benötigt:

Pufferlösung pH 4, 150,9 g Dinatriumhydrogenphosphat, $NaHPO_4 \times 2\ H_2O$, und 142,0 g Citronensäure, $C_6H_8O_7 \times H_2O$, werden in Wasser gelöst und auf 1000 ml aufgefüllt.
Kaliumhexacyanoferrat(III)-Lösung, 8 g Kaliumhexacyanoferrat, $K_3Fe(CN)_6$, sind in Wasser zu lösen, auf 100 ml aufzufüllen und lichtgeschützt bis zu ca. 1 Woche aufzubewahren (trübe Lösung vor Gebrauch filtrieren).
Durchführung der Phenol-Index-Bestimmung nach H 16 - 3

500 ml einer gegebenenfalls verdünnten Wasserprobe werden in den Destillationskolben gegeben und mit 0,5 g Kupfersulfat versetzt und nach Zufügen eines Magnetrührstabs 10 Minuten gerührt. Nach Zugabe von 10 ml Pufferlösung pH 4 ist der pH-Wert auf 4 einzustellen. Der Destillierkolben wird mit dem Schliffaufsatz und dieser mit dem Kühler verbunden und ein 100 ml Meßzylinder als Vorlage benutzt. Die wässrige Probe wird bis zu einem Volumen von 70 bis 90 ml überdestilliert, das Destillat mit Wasser auf 100 ml aufgefüllt und mit 5 ml Pufferlösung pH 10 versetzt. Auch hier sollte der pH-Wert $10 \pm 0,2$ betragen und ist bei Bedarf mit Natriumhydroxid-Lösung nachzustellen. Anschließend werden 3 ml Aminoantipyrin-Lösung zugegeben, kurz geschüttelt, 3 ml Kaliumhexacyanoferrat-Lösung zugefügt und wiederum kurz geschüttelt. Nach fünf bis zehn Minuten ist die Lösung bei 510 nm zu fotometrieren.
Analog zur oben beschriebenen Weise ist eine Eichkurve mit der Phenol-Standardlösung I oder II anzufertigen. Das Auswerteverfahren ist bis auf den Bemessungsmaßstab, hier in mg/l, identisch mit dem bereits beschriebenen Prozedere.
Der große Vorteil dieser Methode ist, daß der Extraktionsschritt, und damit auch der Umgang mit organischen Lösemitteln, ausbleibt.

4.2.3 Bestimmung der Biomasseentwicklung

Zellzahlbestimmung. Die für die Zellzahlbestimmung entnommene Probe (1 ml) wird direkt in 9 ml steriles Leitungswasser gegeben und dekadisch bis 10^{-4} verdünnt. Von den Verdünnungsstufen 10^{-2} bis 10^{-4} werden Zellzahlbestimmungen durch Ausspatelverfahren (vgl C 2.2.4) auf komplexem Nähragar oder besser auf Phenol-Agarplatten (Herstellung analog zu Diesel-Agarplatten) durchgeführt. Bei Fortschreiten des Versuches müssen höher verdünnte Suspensionen ausgespatelt werden. Hier sind Praktikant und Laborleiter gefordert, die entsprechenden Entscheidungen zu treffen.
Die Agarplatten werden bei 30 °C im Brutschrank bebrütet und nach 4 bis 7 Tagen ausgezählt.

Biomassebestimmung durch Ermittlung der Trockenmasse. 10 ml der Mikroorganismen-Suspension werden durch zuvor gewogene 0,2 µm-Filter gesaugt, bei 105 °C getrocknet und erneut ausgewogen (Analysenwaage). Durch Differenzermittlung wird die Trockenmasse festgestellt (vgl. C 2.1)

4.3 Aufgaben

Erstellen Sie einer Substratabbau- und Biomassebildungskurve!

Die ermittelten Werte für Phenolkonzentration, Zellzahl und Trockenmasse werden grafisch über die Versuchszeit (x-Achse) dargestellt. Dazu trägt man Zellzahl und Biomassewerte logarithmisch, die Zeit numerisch (halblogarithmische Darstellung) auf.

Berechnung von g, t_d, γ und μ. Aus der oben erstellten Kurve ist festzustellen, in welchem Zeitabschnitt sich die Zellzahl- und Trockenmasseentwicklung exponentiell verhält (Gerade bei halblogaritmischer Darstellung). Bestimmen Sie für einen solchen linearen Kurvenbereich die Generationszeit g, die Verdopplungszeit t_d, die Wachstumsrate γ und die Wachstumskonstante μ für die Zellzahl und Trockenmasse nach oben angegebenen Gleichungen.

Ermittlung der Abbauleistung. Der letzte gemessene Wert für die Phenolkonzentration stellt die "Restkonzentration" und damit die Abbaugrenze unter Batchbedingungen dar. Berechnen sie den prozentualen Abbau! Berechnen Sie ebenfalls, wieviel Biomasse (Trockenmasse) sich aus dem verbrauchten Phenol gebildet hat (in g Trochenmasse/g Phenol)! Kalkulieren Sie aus den oben ermittelten Daten für die maximale Trockenmasse und der Phenolrestbelastung die Bildung von Biomasse und die Bildung von CO_2 aus dem verbrauchten Phenol bei Annahme, daß die Trockenmasse einen Anteil von 75 % Kohlenstoff beinhaltet!

Bewertung der ermittelten Daten. Vergleichen Sie die errechneten Werte für die Zellzahlbestimmung und die Trockenmassebestimmung. Beschreiben Sie die möglichen Unterschiede und geben Sie eine Erklärung dazu!

4.4 Fragen zur Biomasse- und Substratänderung in einfacher Batchkultur

Welche Faktoren sind in einer Batch-Kultur limitierend?

Warum ist bei (den meisten) Batch-Kulturen für eine Zufuhr von Luft bzw. eine Abfuhr von Abluft zu sorgen?

Warum tritt nach Beimpfung eines Wachstumsmediums nicht unmittelbar die logarithmische (exponentielle) Wachstumsphase ein?

Wird in der stationären Phase noch Kohlenstoff (Phenol) verbraucht?

Wieviel des verbrauchten Phenols wird in Biomasse festgelegt (ca. %); wieviel CO_2 wird beim mikrobiellen Abbau von 1 g Phenol freigesetzt; wieviel CO_2 würde bei der vollständigen chemischen Oxidation von 1 g Phenol freigesetzt (Summenformel C_6H_5OH, MG 94,11 g/mol)?

5 Stoffabbau und Zellentwicklung in einem Zweikomponenten-Modellabwasser mit Bakterien und Hefen als Mischkultur

5.1 Einführung und Zielvorgabe

Die Stoffverwertung und Biomasseproduktion durch Mikroorganismen unterliegt unterschiedlichen Regelungsmechanismen. Wie aus der Einführung zu Versuch C 3 herauszulesen ist, können nicht alle Mikroorganismen die gleichen organischen Stoffe als Kohlenstoff- und Energiequelle nutzen. Nahezu alle heterotrophen, also auf die Zufuhr organischer Verbindungen angewiesenen Mikroorganismen, können Glukose verwerten. Glukose ist das Zuckermolekül, das durch Photosynthese von Algen und höheren Pflanzen aufgebaut wird. Es kommt damit weitverbreitet in der Natur vor. Diese nahezu ubiquitär verbreitete, gut verfügbare und energetisch günstige Verbindung wird durch Enzymsysteme zu niedermolekularen Bausteinen sowohl unter Sauerstoffverbrauch aerob als auch unter Sauerstoffausschluß anaerob unter Energiegewinn abgebaut. Diese Enzymsysteme werden als konstitutiv bezeichnet, da sie immer in der Zelle vorhanden sind, auch wenn kein Glukosemolekül vorliegt. Allerdings wird in einer solchen Situation eine nur geringe Konzentration dieser Enzyme in der Zelle eingestellt.

Viele in der Natur nur selten auftretende Stoffe, zu denen auch oft Schadstoffe gehören, werden durch Enzymsysteme abgebaut, deren Produktion nur bei Anwesenheit dieser Verbindungen und bei einer geeigneten verfügbaren Menge, also bei Überschreiten einer Schwellenkonzentration, induziert wird (induzierbare Enzyme).

Voraussetzung für die Induktion einer Enzymbildung ist das Vorhandensein einer genetischen Information auf der DNS, also ein Gen, das die Bildung eines oder mehrerer unterschiedlicher Enzyme ermöglicht. Dieses Gen kann auf einem Chromosom (bei Eukarioten) bzw. Ringchromosom (Prokarioten) liegen.

Es kann aber auch unabhängig davon auf einem kleinen (extrachromosomalen) DNS-Molekül, einem Plasmid, vorliegen. Bei einigen Schadstoffen ist also nur bei Vorliegen eines solchen Plasmides eine Induktion der Enzymsysteme und damit der Schadstoffabbau möglich.

Die als Bäcker- oder Bier-Hefe bekannte *Saccharomyces cerevisiae* ist in der Lage, unter aeroben Verhältnissen Glukose zu CO_2 und H_2O zu oxidieren und Biomasse zu produzieren. Unter Sauerstoffausschluß kann sie den gleichen Ausgangsstoff bei geringster Biomassebildung zu Ethylalkohol vergären. Beide Eigenschaften werden technisch zur Backhefeherstellung (aerob) und Bier-, Wein- und Bioalkoholerzeugung (anaerob) genutzt.

Diese Hefe ist als Zuckerspezialist anzusehen; sie ist nicht in der Lage, Schadstoffe abzubauen.

Ganz anders wird die Situation für den zuvor als Phenolabbauer isolierten Mikroorganismus aussehen. Dies wird mit großer Sicherheit ein Bakterium sein, obwohl auch eine Reihe unterschiedlicher Hefen Phenol verwerten. Sehr oft wird die Bakteriengattung *Pseudomonas* in der Natur angetroffen. Diese gramnegativen Stäbchen sind besonders durch die Aufnahme und Abgabe von Plasmiden ausgezeichnet. *Pseudomonas*-Arten spielen daher eine bedeutende Rolle als Schadstoffabbauer in der Umwelt. Als heterotropher Organismus ist dieses Bakterium in der Lage, Glukose zu verwerten. Je nach Substrat wird eine *Pseudomonas*-Kultur viele schadstoffdegradierende oder zuckerabbauende Enzyme in der Biomasse anhäufen. Wird also eine auf Phenol als einziger C-Quelle vorgezüchtete Kultur in ein Mischsubstrat mit Glukose und Phenol gegeben, kann eine nahezu gleichzeitige Verwertung beider Nährstoffe erfolgen. Wird dagegen eine auf Glukose vorgezüchtete Kultur eingesetzt, wird zunächst der Zucker und anschließend das Phenol abgebaut (Diauxie).

Zielsetzung des nachfolgenden Versuches ist die qualitative und quantitative Erfassung eines einfachen Zweikomponentensystems, wobei die Zellzahlentwicklung der morphologisch gut unterscheidbaren Organismen *Saccharomyces cerevisiae* und das als Phenolabbauer isolierte Bakterium verfolgt und die Abnahme der Kohlenstoffquellen Glukose und Phenol analytisch erfaßt wird. Es soll anschließend der Zucker- und Phenolabbau mit der Zellentwicklung korreliert und diskutiert werden.

5.2 Versuchsdurchführung

Zeitbedarf:

Medien- und Reagenzienherstellung	20 - 25 Stunden
Versuchsdurchführung	10 - 12 Tage
Arbeitszeit	60 - 70 Stunden

Benötigte Geräte und Chemikalien:

Kulturgefäß (Bioreaktor, Blasensäule), Schüttelmaschine, Brutschrank, Fotometer, Mikroskop, Zählkammer, Schüttelkolben, Petrischalen

Reagenzien für Phenolindex, Nährsalze, Phenol, Glukose, Glukosebestimmungs-Set
Bäckerhefe

5.2.1 Anlegen einer Vorkultur von *Saccharomyces cerevisiae* in Glukosemedium

Sollte ein *Saccharomyces cerevisiae*-Stamm nicht vorliegen, so kann man diesen in den meisten Lebensmittelgeschäften oder beim Bäcker als Bäckerhefe in Form eines Frischpräparates kaufen. Vom vorliegenden Material wird eine Schüttelkultur angelegt. Dazu wird eine Nährsalzlösung mit 10 g/l Glukose versetzt, mit einer Impföse voll beimpft (abhängig vom Volumen) und 48 Stunden lang bei 30 °C und 100 Upm bebrütet. Sollte sich kein üppiges Zellwachstum einstellen, so ist dieser Versuch mit frischem Material und mit Hefesuspension der schlecht gewachsenen Vorkultur zu wiederholen.
Von dieser Vorkultur wird nun eine als "Übernachtkultur" bezeichnete Subkultur angelegt, indem 10 Volumenprozent in einen Schüttelkolben mit gleichem Wachstumsmedium überführt und für ca. 16 Stunden unter o.a. Bedingungen bebrütet werden. Diese Hefesuspension ist als Inokulum für den weiteren Versuch zu verwenden.

5.2.2 Anlegen einer Vorkultur mit einem phenolabbauenden Bakterium in Phenolmedium

Die in Versuch 3.1 angereicherte und isolierte Bakterienkultur wird als Vorkultur in einem mit 0,5 g/l Phenol versetzten Nährsalzmedium bei o.a. Bedingungen für 48 Stunden bebrütet und eine "Übernachtkultur" als Inokulum angesetzt (vgl. C 5.2.1)
Sollten mehrere Gruppen gleichzeitig diesen Versuch durchführen, so kann eine Hälfte der Gruppen nach dem vorgegebenen Muster verfahren, die andere Hälfte das phenolabbauende Bakterium auf Glukose vorzüchten. Die unterschiedlichen Ergebnisse im weiteren Versuchsablauf sollten dann gemeinsam ausgewertet werden.

5.2.3 Quantifizierung der Organismen und Erstellen einer definierten Mischkultur

Die Versuchsbedingungen sind so einzustellen, daß bei Beginn der Abbauuntersuchung etwa gleiche Zellzahlen für *Saccharomyces cerevisiae* und das Bakterium vorliegen. Dies ist nur durch eine direkte Auszählung in einer geeigneten Zählkammer möglich. Für die Hefen kommt dazu eine Thomakammer, für die Bakterien besser eine Bürker-Türk-Kammer zum Einsatz. Nach dem Auszählen ist durch Berechnung der Volumenverhältnisse eine Inokulumsmischkultur aus beiden Vorkulturen herzustellen, die gleiche Zellzahlen aufweist und ca. 10 Volumenprozent als Inokulum für den nachfolgenden Versuch ergibt. Sollte es nicht möglich sein, mittels Zählkammer die Zellzahlen zu ermitteln, so ist ein Volumenverhältnis Hefen:Bakterien von 10:1 einzustellen. Die Startbedingungen müssen dann über die Lebendkeimzahlbestimmung der ersten Probe nachträglich definiert werden.

5.2.4 Aufbau eines einfachen Blasensäulen-Reaktors

Der Abbauversuch selbst wird in einem Reaktionsgefäß durchgeführt, das ca. 4 l Arbeitsvolumen ermöglicht und gut begast werden kann. Als Beispiel kommt hier eine Blasensäule zur Anwendung, es können aber auch andere Bioreaktoren dazu genutzt werden.

Die Blasensäule sollte folgenden Kriterien erfüllen:

Material	: Glas
Arbeitsvolumen	: > 4 l
Begasung	: 0,5 vvm (2 l Luft bei 4 l Volumen pro Minute) ölfreie Pressluft
Versuchstemperatur	: Raumtemperatur (19 - 24 °C) oder 25 °C bei temperierbarer Säule
Abluftfilter	: ca. 1 l Aktivkohle

Die Blasensäule wird nach der in Abb. C 5.1 vorgegebenen Weise aufgebaut und unter leichter Begasung mit 3,6 l Nährsalzlösung, die 2,5 mM Glukose und 2,5 mM Phenol enthält, gefüllt. Direkt anschließend wird mit der oben beschriebenen Kultur beimpft und nach einer Viertelstunde Mischzeit die erste Probe entnommen und die Startzeit t_0 festgestellt.

5.2.5 Erfassung der Zucker- und Phenolkonzentration

Die Konzentrationsbestimmung des Zuckers erfolgt mittels enzymatischer Meßmethode. Dazu wird ein handelsübliches Bestimmungsset zur Erfassung von D-Glukose in Lebensmitteln und anderen Probenmaterialien verwendet. Die mit dem Testset mitgelieferte Handhabungsanweisung ist zu befolgen.
Die Bestimmung des Phenolgehaltes mit der Phenol-Index-Methode ist in C 4.2.2 beschrieben.
Die Probennahme und -aufarbeitung erfolgt in sechs- bis achtstündigen Intervallen über drei Tage und Nächte.

5.2.6 Erfassung des Hefe- und Bakterienwachstums

Prinzipiell ist das Auszählen in der Zählkammer auch bei einer Mischkultur möglich. Bei der Verwendung der Thomakammer ist das Volumen auf die Größe von Hefezellen ausgerichtet. Bakterien können bei entsprechenden Zelldichten in nicht korrekt auszählbaren Überlagerungen auftreten. Wird die Verdünnung der auszuzählenden Suspension so gewählt, daß die Hefen und Bakterien ausreichend genau in einer Suspension zu zählen sind oder getrennt die Hefen und Bakterien in geeigneten Verdünnungsstufen aus einer Ausgangssuspension erfaßt werden, so ist gegen die Bestimmung mit der Zählkammer bei richtiger Handhabung nichts einzuwenden.

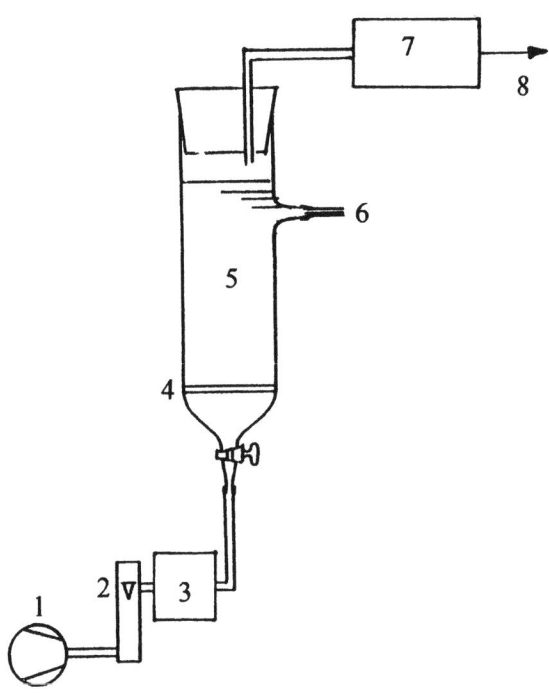

(1) Druckluftquelle (2) Luftmengenmesser (3) Zuluftfilter (4) Fritte
(5) Medium (6) Probennahme (7) Aktivkohlefilter (8) Abluft

Abb. C 5.1 : Blasensäulenreaktor für Batch-Betrieb

Sicherer ist die Lebendkeimzahlbestimmung auf Nährböden, wobei für die Erfassung der Hefen ein Malzagar, zur Erfassung der Bakterien ein Komplexmedium oder ein Phenolmedium benutzt wird. Die Kolonien auf den Malz- und den Komplexagarplatten sind durch Mikroskopie als Hefen oder Bakterien sicher anzusprechen. Die auszuzählenden Verdünnungsstufen sind bei bekannter Zellzahl im Inokulum auszurechnen, bei unbekannter Keimzahl aus der ersten Probe durch Mikroskopie abzuschätzen und über Ausspatelung einer breiten Verdünnungsreihe zu ermitteln. Die Probenfrequenz entspricht der unter C 5.2.5 angegebenen.

5.3 Aufgaben

Erstellen Sie vor Versuchsbeginn einen Versuchsablaufplan in Form eines Fließdiagrammes!

Stellen Sie die ermittelten Daten in geeigneter Weise grafisch dar!

Versuchen Sie anhand der Daten eine Zuordnung der Zellzahlentwicklung und des Substratverbrauches herzustellen!

Falls möglich, sollte der ausgegaste und im Aktivkohlefilter zurückgehaltene Phenolanteil mit berücksichtigt werden.

5.4 Fragen zum Stoffabbau und zur Zellzahlentwicklung in einem Zweikomponenten-System in Batch-Kultur

Welche Organismen werden einen schnelleren Stoffwechsel betreiben, Hefen oder Bakterien? Begründen Sie Ihre Entscheidung!

Warum ist die Bäckerhefe *Sacharomyces cerevisiae* nicht befähigt, Phenol als Kohlenstoff- und Energiequelle zu verwerten?

Wie unterscheiden sich konstitutive und induzierbare Enzyme?

Was ist ein Plasmid und welche Funktionen übernimmt es?

Welche wichtige Rolle spielen *Pseudomonas*-Arten in der Umwelt?

Die Vorkultivierung auf schadstoffhaltigen Medien wird als Adaptation bezeichnet. Was verbirgt sich hinter diesem Begriff?

6 Stoffabbau und Biomasseentwicklung in einem realen Abwasser

6.1 Einführung und Zielvorgabe

Während in den beiden vorhergehenden Versuchen sowohl die Nährstoffe als auch die Mikroorganismen bekannt und unterscheidbar waren, treten bei realen Abwässern in aller Regel unbekannte Stoffgemische und undefinierte Mikroorganismen-Mischpopulationen auf. Eine chemisch-analytische Erfassung einzelner Inhaltsstoffe und die differenzierte numerische Erfassung von Mikroorganismen ist nicht möglich. Selbst wenn für einige Stoffkomponenten und morphologisch unterscheidbare Mikroorganismen eine Bestimmung möglich und eine Auswirkung der nicht separat erfaßbaren Stoffe und Organismen auszuschließen wäre, könnten Wechselwirkungen untereinander nicht erfaßt werden, da schon das Zweikomponenten-System des vorhergehenden Versuches nicht eindeutig zu interpretieren ist.

Diese Tatsache hat dazu geführt, daß die Entwicklung der Abwasserreinigungs-Verfahren, auch die auf mikrobiologischen Prozessen beruhenden, von Bauingenieuren vorangetrieben wurden. Im Bereich des Bauwesens hat sich das Fachgebiet Siedlungswasserwesen fest etabliert. Da das biologische System als "Black Box" akzeptiert wurde, konnte man sich auf Summenparameter zur Charakterisierung der Reinigungsleistung von Kläranlagen einigen. Die meisten Abwasserbehandlungs-Verfahren sind aerobe Verfahren, so daß der Verbrauch von Sauerstoff ein außerordentlich wichtiger Faktor ist. Daher sind Summenparameter für die stoffliche Zusammensetzung durch den O_2-Bedarf zur vollständigen Oxidation (CSB = chemischer Sauerstoffbedarf, vgl. A 2.4.2), bzw. zur biologischen Oxidation (BSB = biochemischer Sauerstoffbedarf, meist als BSB_5 über eine Zeitdauer von fünf Tagen) gebräuchlich. Der Vergleich zwischen CSB und BSB, angegeben als CSB : BSB_5-Verhältnis, beschreibt die biologische Abbaubarkeit der Belastungsstoffe in einem Abwasser.

Auch die Bestimmung der Biomasse hatte eher pragmatische als wissenschaftliche Gründe. Die Beseitigung des bei der biologischen Abwasserbehandlung anfallenden Schlammes einerseits und die Notwendigkeit einer

Schlammrückführung zur Aufrechterhaltung hoher Zelldichten im Abwasser andererseits erforderten die Bestimmung des Schlammanteils im Belebungsbecken. Dazu wird der sich aus dem Wasser abscheidende Schlamm volumetrisch bestimmt (vgl. C 2.2.6).

Für eine auf die Beseitigung der organischen Stoffe abzielende Reinigungstechnik haben die Bestimmungsparameter ausgereicht. Das heute durch Kläranlagen mit zu erreichende Ziel einer Sicherung der Grund- und Trinkwasserqualität erfordert jedoch ein deutlich erweitertes Spektrum der Bestimmung von Abwasserinhaltsstoffen vor der Einleitung in die Vorflut. Neben den o. a. Daten werden als zusätzliche Erfassung der organischen Komponenten der TOC (Total Organic Carbon = vollständiger organischer Kohlenstoffanteil) und/oder DOC (Dissolved Organic Carbon = gelöster organischer Kohlenstoffanteil) bestimmt (vgl. A 2.4.3) und die Konzentration einer Reihe anorganischer Stoffe wie Nitrat, Nitrit, Ammonium und Phosphat gemessen. Enthalten Abwässer spezielle Schadstoffe oder besteht ein Verdacht, so werden auch solche Einzelstoffe oder Stoffgruppen (AOX = adsorbierbare halogenierte Kohlenwasserstoffe, EOX = extrahierbare halogenierte Kohlenwasserstoffe) analytisch erfaßt.

Die Leistungsfähigkeit kommunaler Kläranlagen richtet sich im wesentlichen immer noch auf den Abbau der organischen Inhaltsstoffe, so daß der im Abwasser nach der Behandlung verbleibende oxidierbare Anteil als "Rest-CSB" über das gute Funktionieren Auskunft gibt. Inzwischen bestehen aber Grenzwerte für Stickstoff- und Phosphatgehalte, die oft nur schwierig eingehalten werden können. Damit sind neue Kriterien im Kommunalabwasserbereich eingeführt worden.

Bei der Behandlung industrieller Abwässer spielen dagegen weitere Parameter eine wesentliche Rolle. Da häufig für Mikroorganismen giftige Stoffe in solche Abwässer gelangen können ist es erforderlich, daß die im Abwasser befindlichen Mikroorganismen den Stoff bis zu einer gewissen Konzentration vertragen können und zum Abbau dieser Giftkomponente befähigte Mikroorganismen zusätzlich vorhanden sind. Damit besteht der Zwang, solche Toleranzkonzentrationen zu kennen und einzuhalten und geeignete Mikroorganismen nachweisen zu können (vgl. Versuch C 3).

Es werden derzeit zwei Strategien bei der biologischen Reinigung von industriellen Abwässern angewendet. Bei der ersten Strategie wird das Industrieabwasser bewußt mit kommunalem Abwasser verdünnt, so daß eine Vergiftung der Mikroorganismen verhindert und das ohnehin zu behandelnde Kommunalabwasser gereinigt wird. Bei der zweiten Strategie wird zur Entfernung der Schadstoffe eine spezielle Biologie benötigt, die durch Zugabe weitgehend bekannter Nährstoffe aufrecht und leistungsfähig gehalten wird.

Im nachfolgenden Versuch soll der Stoffabbau in einem Abwasser mit einer unbekannten Zusammensetzung und einer unbekannten Mischpopulation in Batch-Kultur verfolgt werden. Neben der Erfassung und Darstellung der Summenparameter steht die Beobachtung des Gesamtsystemes in besonderem Interesse. Optische, sowohl makroskopische wie mikroskopische, Phänomene sollen ebenso protokolliert und diskutiert werden wie der Geruch und die Konsistenz des Wassers.

6.2 Versuchsdurchführung

Zeitbedarf:

Materialbeschaffung	2 - 8 Stunden
Versuchsdurchführung	14 - 21 Tage (bei Problemwässern 6 Wochen und mehr)
Arbeitszeit	40 - 50 Stunden

Benötigte Geräte und Chemikalien:

Kulturgefäß (Bioreaktor, Blasensäule), Zentrifuge, CSB-Meßplatz/TOC-Analysator, Mikroskop, Trockenschrank

6.2.1 Beschaffung und Transport des Abwassers

Die Beschaffung realer Abwässer ist mit dem Kontakt zu Betreibern von Kläranlagen verbunden. Während es meist keine Probleme bei der Probenbeschaffung aus kommunalen Kläranlagen gibt, gestaltet sich diese bei industriellen Abwässern häufig schwierig. Trotzdem sollte es bei einer über eine längere Zeitspanne betriebenen Kontaktaufnahme und der verständlichen Erklärung des Zweckes dieser Probe möglich sein, aus gewerblichen oder industriellen Abwasserbehandlungsanlagen geeignete Probenmengen zu beschaffen. Als Probe werden eine gute Reaktorfüllung (4 - 10 l) noch nicht biologisch, aber mechanisch oder (falls in der Anlage anfallend) chemisch vorbehandeltes Wasser benötigt; als Inokulum sollte ca. ein Liter Klärschlamm aus der Belebung gewonnen werden.

Bei übel riechendem Material ist zum Transport der Wasserprobe ein Kanister mit kleiner Öffnung (Trichter benutzen, meist auf Kläranlagen nicht vorhanden) und gutem Verschluß zu benutzen. Eine möglichst kühle Lagerung empfiehlt sich.

Ist die Kläranlage weit vom Labor entfernt oder eine direkte Bearbeitung des Materials nicht möglich, ist die Schlammprobe in einer Kühltasche zu transportieren und im Kühlschrank aufzubewahren.

In einem Gespräch mit dem Personal auf der Kläranlage kann einiges über die Herkunft des Wassers, die Betriebsparameter und die Reinigungsleistung der Anlage in Erfahrung gebracht werden, so daß zu den später selbst ermittelten Daten Vergleichsgrößen vorliegen.

Bei größeren Gruppen von Praktikanten sollte versucht werden, die biologische Behandlung kommunaler und industrieller Abwässer durchzuführen und die Phänomene zu vergleichen.

6.2.2 Aufbau eines Blasensäulen-Reaktors

Wie im vorhergehenden Versuch können unterschiedlichste Reaktoren für diesen Versuch eingesetzt werden. Es muß gewährleistet sein, daß das Wasser ausreichend vermischt und genügend Sauerstoff eingetragen werden kann. Eine Sterilisierung ist nicht erforderlich. Hier wird auf den Blasensäulen-Reaktor in Abb. C 5.1 Bezug genommen. Die Aufbauweise ist identisch. Auf eine Abluftfiltration mit Aktivkohle kann allerdings verzichtet werden. Da die meisten Abwässer recht übel riechen, sollte der Reaktor in einem Abzug betrieben werden.
Als Betriebsparameter sind die Daten von C 5.2.4 zu übernehmen.

6.2.3 Erfassung der Biomasseentwicklung

Als Kriterium für die Biomassentwicklung wird das Feuchtgewicht oder das Trockengewicht herangezogen (vgl. C 2.2.7 und 2.2.8). Es wäre günstig, beide Bestimmungen parallel durchzuführen. Je nach Größe des Reaktors sollten für die Feuchtgewichtbestimmung 10 bis 50 ml abzentrifugiert, dekantiert und gewogen werden. Anschließend kann das Zentrifugenröhrchen getrocknet und erneut ausgewogen werden.
Die Bestimmung der Biomasse ist über einen Zeitraum von mindestens 48 Stunden bei einem Probennahmeintervall von 4 bis 6 Stunden durchzuführen

6.2.4 Erfassung der CSB/TOC-Konzentration

Als zu bestimmende Größe für den Substratverbrauch wird der CSB als klassischer Abwasserbelastungs-Parameter oder der TOC herangezogen. Die Methoden sind in A 2.4.2 und 2.4.3 beschrieben. Die Probenfrequenz entspricht der in C 6.2.3 beschriebenen.

6.2.6 Mikroskopische Beobachtung des Prozesses

Je nach Zusammensetzung des Abwassers und des Schlammes treten unterschiedliche Morphologien und Strukturen im Bioschlamm auf. Eine Verallgemeinerung ist daher hier nicht möglich. Beobachten Sie die Mikroorganismen, unterscheiden Sie Pilze und Bakterien, beobachten Sie Protozoen (Pantoffeltierchen, Geißeltierchen, Trompetentierchen, Rädertierchen, Amoeben) falls vorhanden. Beobachten und beschreiben Sie Flocken- und Aggregatbildungen. Bringen Sie die Trübung des Wassers mit der Flockenbildung und der Protozoenentwicklung in Verbindung, falls diese auftreten.

6.3 Aufgaben

Stellen Sie alle Ergebnisse in geeigneter Form in einer Abbildung dar!

Skizzieren Sie die morphologischen Strukturen Ihres Bioschlammes und die im Versuchsverlauf auftretenden makroskopischen und mikroskopischen Veränderungen.!

Diskutieren Sie die in diesem Versuch benutzten Methoden mit denen der beiden vorhergehenden Versuche!

6.4 Fragen zum Stoffabbau und zur Biomasseentwicklung in einem realen Abwasser

Warum lassen sich in einem realen Abwasser nicht alle Einzelstoffe chemisch analytisch erfassen?

Was verbirgt sich unter dem Begriff "Rest-CSB"?

Warum ist die Bioschlammprobe gekühlt aufzubewahren?

Warum wird zur Verfolgung der Biomasseentwicklung nicht auf die Zellzahl-Bestimmung zurückgegriffen?

Welche Abwasserinhaltsstoffe spielen für die Wasserqualität eine Rolle, die mit dem TOC nicht erfaßt werden?

Warum muß Phosphat aus dem Abwasser entfernt werden?

7. Stoffabbau und Zellentwicklung in einem phenolhaltigen Modellabwasser in kontinuierlicher Kultur

7.1 Einführung und Zielvorgabe

In der biologischen Abwasserbehandlungstechnik hat sich, im Gegensatz zu den meisten biotechnischen Herstellungsprozessen, eine kontinuierliche Betriebsweise durchgesetzt. Das heißt, daß in eine Kläranlage ständig Schmutzwasser einfließt und gereinigtes Abwasser abfließt.

Bei einer solchen Betriebsweise müssen bestimmte Regeln eingehalten werden, damit ein effektiver und sicherer Betrieb möglich ist. Wird nur sehr wenig Schmutzwasser in das Belebungsbecken gepumpt, so ergeben sich lange Verweilzeiten bei geringem Stoffabbau; die Anlage ist nicht effektiv. Wird zu viel Abwasser eingebracht, kann das mikrobiologische System die Inhaltsstoffe nicht ausreichend abbauen und es verbleibt ein hoher "Rest-CSB". Zudem besteht die Gefahr, daß die Mikroorganismen aus dem System ausgewaschen werden.

In einer kontinuierlichen Kultur, die als Chemostat betrieben wird, wachsen die Mikroorganismen in der exponentiellen Phase (vgl. 3.4.1). Wirken keine Limitationen auf die Mikroorganismen, könnten sie mit der maximal möglichen Geschwindigkeit, also mit der Wachstumsrate μ_{max} wachsen. Es stellt sich eine spezifische Wachstumsrate μ ein, für die folgende mathematische Beziehung besteht:

$$\mu = \frac{1}{x} \cdot \frac{dx}{dt}$$

wobei x die Zellmasse, dx die Zunahme der Zellmasse im Zeitraum dt ist.

Treten durch Substratmangel Limitierungen im Zellwachstum auf, so läßt sich die dadurch bedingte Verringerung durch die Gleichung

$$\mu = \mu_{max} \frac{s}{k_s + s}$$

darstellen. Dabei ist s die Substratkonzentration und k_s die Sättigungskonstante.

Ausgehend von einem vollständig durchmischten, einstufigen Reaktor (idealer Rührkessel) mit dem konstanten Volumen V, in den kontinuierlich mit einer gleichbleibenden Geschwindigkeit f das Substrat einfließt, stellt sich die Verdünnungsgeschwindigkeit oder Verdünnungsrate D ein:

$$D = \frac{f}{V}$$

Würden keine Zellen gebildet, fände durch den Zulauf eine Auswaschung statt, die wie folgt von der Verdünnungsrate abhängt:

$$\frac{dx}{dt} = D \cdot x$$

Da sich aber die Mikroorganismen mit der Wachstumsgeschwindigkeit µ in der kontinuierlichen Kultur vermehren, besteht eine Gleichgewichtsbeziehung:

$$\frac{dx}{dt} = \mu \cdot x - D \cdot x$$

Sind µ und D gleich, entsteht ein Gleichgewicht, bei dem im Reaktor keine Biomassezunahme und kein Substratverbrauch zu messen sind. Wird die Verdünnungsrate größer als die Wachstumsrate, werden die Organismen ausgewaschen.
Dies trifft aber alles nur dann zu, wenn keine das ideale System störenden Faktoren eintreten.
Im folgenden Versuch lassen sich diese idealisierten Bedingungen weitestgehend einstellen. Bei ausreichender Vermischung und Sauerstoffversorgung und konstanten Werten für Volumen, Temperatur und pH ist das Wachstum nur von der Zufuhr des Substrates abhängig, und es läßt sich ein stabiler Zustand (Steady state) mit gleichbleibender Biomasse und Substratkonzentration einstellen. Die Wachstumsgeschwindigkeit ist dann mit der Zulaufgeschwindigkeit identisch. Dieser Steady state-Zustand läßt sich bis kurz vor Erreichen der Auswaschgeschwindigkeit optimieren.

Ziel des Versuches ist es, mit einem einfachen Einstoff-Reinkultur-System einen kontinuierlichen Abbauprozeß zu realisieren und zu optimieren. Dazu ist das "Einfahren" eines Bioreaktors und die Einstellung unterschiedlicher Steady state-Zustände bis zur Auswaschung erforderlich. Die benötigten Variablen Biomassekonzentration (x), Substratkonzentration (s) und Zulaufgeschwindigkeit (f) sind zu bestimmen und die festen Parameter Temperatur, Zuluftmenge und Volumen festzustellen und im Bedarfsfall zu korrigieren.

Da bei kontinuierlichen Prozessen die Probenvolumina zur Parametererfassung zum Gesamtvolumen, das durch den Bioreaktor gefördert wird, relativ klein sind und die Lagerung von Abwasser für kontinuierliche Versuche problematisch ist, empfiehlt es sich, kleine Reaktoren zu benutzen. Volumina in der Größenordnung 200 bis 500 ml sind geeignet und vollkommen ausreichend.

7.2 Versuchsdurchführung

Zeitbedarf:

Herstellung des Modellabwassers	6 - 8 Stunden
Aufbau und Inbetriebnahme des Reaktorsystems	6 - 8 Stunden
Versuchsdurchführung	8 - 10 Wochen
Arbeitszeit	70 - 80 Stunden

Benötigte Geräte und Chemikalien:

Bioreaktoranlage für kontinuierliche Betriebsführung (Reaktionsgefäß mit Zu- und Ablauf, Zulaufpumpe), Vorlage- und Sammelgefäße, Schüttelmaschine, Zentrifuge, Trockenschrank, Mikroskop, Fotometer, Filtriergerät, Erlenmeyerkolben, Petrischalen
Nährsalze, Phenol, Reagenzien für Phenol-Indexbestimmung

7.2.1 Erstellung und Lagerung des Modellabwassers

Als Medium bzw. Abwasser wird ein Modellabwasser, bestehend aus einer Nährsalzlösung und Phenol als einziger C-Quelle, eingesetzt (vgl. C 4.2.1). Je nach Arbeitsvolumen des Reaktors in der eingestellten Durchflußgeschwindigkeit ist ein entsprechendes Volumen an Modellabwasser zu erstellen. Nach Möglichkeit sollte es durch Autoklavieren sterilisiert werden. Da die Zusammensetzung des Modellabwassers recht einfach ist, können für einen Versuch mehrere Abwasserchargen hintereinander erstellt und eingesetzt werden. Dabei sollte eine Aufbewahrung des Wassers in einem Glasgefäß nicht länger als 3 bis 4 Tage inklusive der Verwendung im Versuch dauern. Wird das Modellabwasser nur gelagert, ist es in einem Kühlschrank zu verwahren. Wird es dagegen für den Versuch eingesetzt, sollte es Raumtemperatur besitzen. Besteht keine Möglichkeit zum Sterilisieren in einem Autoklaven, kann abgekochte Nährsalzlösung mit Phenol versetzt werden. Die Benutzungszeit einer Charge sollte dann 24 Stunden nicht wesentlich übersteigen.

7.2.2 Aufbau einer einfachen Bioreaktoranlage mit kontinuierlicher Betriebsweise

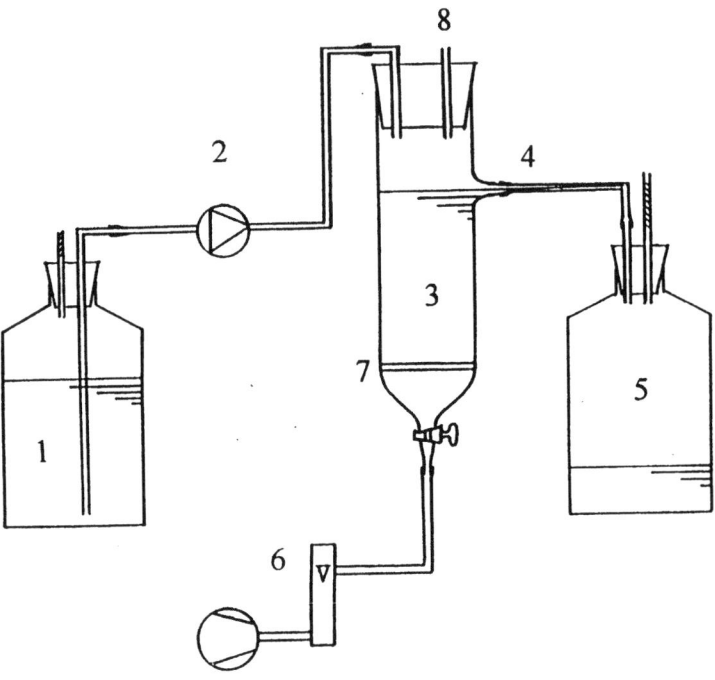

Abb. C 7.1 : Bioreaktorsystem zur kontinuierlichen Behandlung von Abwässern in einer Blasensäule (s. Text)

Es sollen hier drei Möglichkeiten von Bioreaktorsystemen zur kontinuierlichen Kultur vorgestellt werden. Während die ersten beiden Varianten Standardversionen eines mikrobiologischen oder biotechnischen Labors entsprechen, stellt die dritte eine "Notversion" dar, die zwar eine kontinuierliche Kutur erlaubt, allerdings viele Schwächen und Ungenauigkeiten aufweist.
Abbildung C 7.1 zeigt ein System, in dem eine Blasensäule mit passivem Überlauf als Bioreaktor eingesetzt wird. Aus dem Vorlagebehälter (1) wird das Modellabwasser mit der Pumpe (2) in den Bioreaktor (3) transportiert und verläßt diesen durch den Ablauf (4) in das Auffanggefäß (5). Preßluft gelangt über einen Luftmengenmesser (6) in den Begasungskonus, der mit einer Fritte (7) ausgestattet ist. Die Luft verläßt durch das Abgasröhrchen (8) die Blasensäule. Zu- und Abluft sollten, wie in Abbildung C 4.3 gezeigt, behandelt werden..

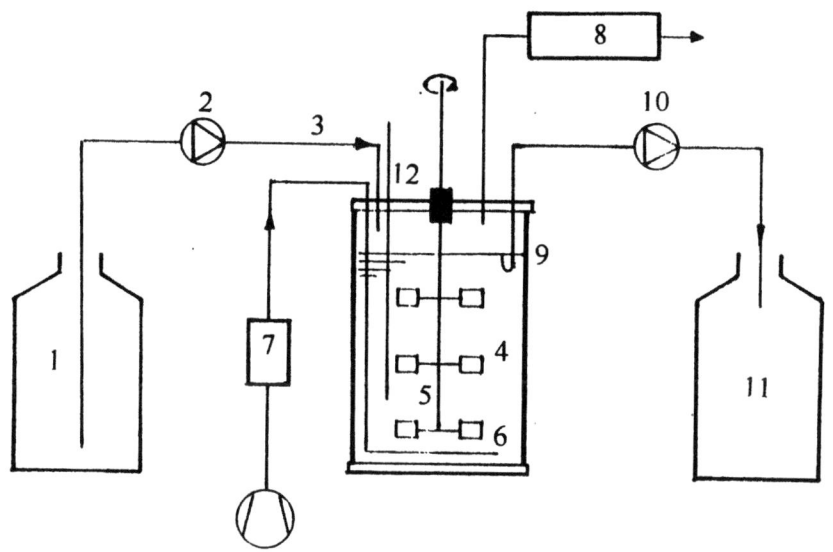

Abb. C 7.2: Bioreaktorsystem zur kontinuierlichen Biomasseherstellung und Abwasserreinigung mit einem Rührkesselreaktor (s. Text)

In Abbildung C 7.2 ist die Standardversion mit einem Rührkessel ohne Ablaufstutzen dargestellt. Aus dem Vorratsbehälter (1) wird mit der Schlauchpumpe (2) durch einen Silikonschlauch (3) das Modellabwasser in den Bioreaktor gepumpt. Der Bioreaktor besteht aus einem doppelwandigen Glasgefäß (4), das mittels Rührung (5) oder Begasung (6) durchmischt und belüftet wird. Die Zuluft (Preßluft aus Kompressor oder Membranpumpe) wird durch einen sterilen Wattefilter (7) in den Bioreaktor geleitet und durch einen Aktivkohlefilter (8) abgeleitet. Der Bioreaktor ist mit einem Überlaufstutzen (9) versehen, durch den das behandelte Abwasser mittels Pumpe (10) das Gefäß verläßt und in einem Auffanggefäß (11) gesammelt wird. Am Bioreaktor befinden sich Stutzen (12) zum Einbringen von Elektroden und zur Probenentnahme. Das Reaktionsgefäß kann über den Doppelmantel mittels Thermostat temperiert werden.

Abbildung C 7.3 zeigt die "Notversion". Als Bioreaktor wird ein Glasgefäß (1) mit einem möglichst glatten Boden und einer großen Öffnung verwendet. Als Rühreinrichtung dient ein Magnetrührer (2) und ein Rührfisch (3), zusätzlich kann als Begasungseinrichtung eine Aquarienpumpe, die mit einem Schlauch, einem (locker gepackten) Wattefilter und einem Glasrohr ausgestattet ist, verwendet werden. Der Vorlagebehälter (4), mit einer sterilen Zulufteinrichtung und einem Ablaufstutzen (5) versehen, wird möglichst hoch (aber besonders sicher) aufgestellt. Der Schlauch (6), der Vorlagegefäß und Bioreaktor verbindet, ist mit einem Regelventil (7) oder einer verstellbaren Schlauchklemme ausgerüstet.

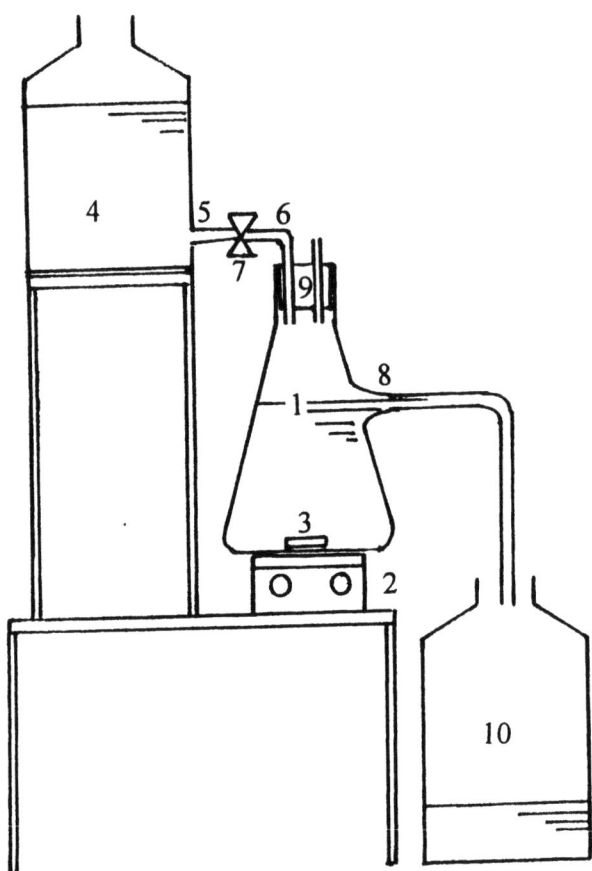

Abb. C 7.3: "Notversion" eines Bioreaktorsystems zur kontinuierlichen Betriebsführung (s. Text)

Der Bioreaktor muß einen Ablaufstutzen (8) besitzen. Be- und Entlüftung sowie Beschickung mit Abwasser erfolgen über Glasröhrchen (9), die in einen Verschluß aus Gummi oder Kork eingebohrt sind. Um Verstopfungen des Ablaufstutzens zu vermeiden, sollte der Ablaufbehälter (10) möglichst tief stehen. Eine Beprobung kann durch Ableitung der Flüssigkeit aus dem Auslauf in ein Probennahmegefäß erfolgen.

Beim Betrieb der "Notversion" ist besonderes Augenmerk auf die Durchflußgeschwindigkeit zu richten. Nur durch regelmäßige Kontrolle des Ablaufvolumens (zeitliches Erfassen des Ablaufs in einem Meßzylinder) und häufiger Nachjustierung des Regelventils lassen sich halbwegs stabile Volumenströme einstellen.

7.2.3 Erstellen einer Inokulumskultur

Die Erstellung der Vorkultur entspricht dem unter C 5.2.2 beschriebenen Prozedere. Ein Animpfvolumen von 10 % des Bioreaktorvolumens wird benötigt. Vor dem Beimpfen ist eine sterile Probe zu entnehmen und unter dem Mikroskop auf morphologische Gleichheit und Zelldichte zu kontrollieren.

7.2.4 Einfahren der Anlage

Falls irgend möglich, sollte das gesamte Reaktorsystem entgegen der praktischen Anwendung umweltbiotechnischer Anlagen steril betrieben werden. Dazu ist das Autoklavieren des Mediums und des Vorratsbehälters, des Zuluftfilters und der Schlauchverbindung zum Reaktor sowie des Bioreaktors mit der Ablufteinrichtung und dem Ablaufschlauch notwendig. Nach Abkühlen auf Raumtemperatur und Sicherstellung, daß die Luftfilter trocken sind, kann mit dem Einfahrbetrieb begonnen werden. Der Bioreaktor, der das Medium (Modellabwasser) bereits enthält, wird begast und gerührt. Durch Einleiten der maximalen Zuluftmenge kann ein Überdruck erzeugt werden, der beim Öffnen des Reaktors zur Beimpfung das Kontaminationsrisiko mit Fremdkeimen drastisch senkt. Nach der Beimpfung wird das System zunächst wie eine Batch-Kultur betrieben. Direkt nach dem Erreichen der stationären Phase wird mit der langsamen Zuführung von Abwasser das kontinuierliche System gestartet. Dabei wird zunächst eine Verweilzeit von 24 Stunden eingestellt und nach zwei Tagen die Durchflußgeschwindigkeit vorsichtig erhöht. Bei Erreichen einer Verweilzeit von 12 Stunden nach ca. 8 bis 10 Tagen kann der eigentliche Versuch beginnen. Kann kein steriler Betrieb realisiert werden, sollten abgekochte Medien und Filter zum Einsatz kommen. Da davon auszugehen ist, daß die angereicherten Phenolabbauer wesentlich schneller wachsen als Fremdkeime, sind die dadurch zu erwartenden Fehler relativ gering. Da aber sterile Prozesse bei kontinuierlich betriebenen Bioreaktoranlagen allgemein eine große Rolle spielen, sollte im Rahmen eines Praktikums der Umgang unter sterilen Bedingungen angeboten werden.

7.2.5 Betrieb der kontinuierlichen Kultur bis zur Auswaschverdünnung

Dem Bioreaktor wird so viel Modellabwasser zugeführt, daß eine Verweilzeit von 10 Stunden eingestellt ist. Nach drei bis viermaligem Durchsatz kann ein Steady state als sicher angenommen werden. Es wird nun eine Probe entnommen und daraus die Prozeßparameter bestimmt.
In Schritten von einer Stunde bis zur Erreichung einer Verweilzeit von 4 Stunden, danach in Schritten von 30 Minuten bis Erreichen einer Verweilzeit von 1,5 Stunden, danach in Intervallen von 10 Minuten wird das kontinuierlich arbeitende System über die sich jeweils einstellenden Steady states bis zum

Auswaschpunkt betrieben. Bei jedem Steady state sind die Parameter zu bestimmen.

2.2.6 Erfassung der Zellentwicklung

Zur Charakterisierung des Wachstums eignet sich besonders die Ermittlung der Trockenmasse. Nach Einstellung des Steady state Zustandes (drei- bis viermaliger Volumendurchlauf) werden dazu 10 ml Probenmaterial entnommen und in einer wie unter B 2.5 beschriebenen Saugfilteranlage gefitert und getrocknet. Da mit einer Reinkultur gearbeitet wird, lassen sich auch Zellzahlbestimmung und Trübungsmessung zur Beschreibung des Wachstums einsetzen. Ein Vergleich der Methoden bietet sich bei der Durchführung dieses Versuches mit größeren Gruppen an. Die mikroskopische Kontrolle der Proben kann durch Vergleich der Zellmorphologie oft Aussagen über Kontaminationen mit Fremdkeimen und eine Sicherung der Biomasse- oder Zellzahlkonzentration ergeben.

7.2.7 Erfassung der Phenolkonzentration

Aus jeder Probe werden die Phenolkonzentrationen wie in C 4.2.2 beschrieben erfaßt. Zur Sicherung der Ergebnisse empfiehlt es sich, aus frischen und älteren Modellabwasservorlagen parallel dazu eine Phenolbestimmung durchzuführen. Erst der direkte Vergleich erlaubt eine sichere Aussage über das Abbauverhalten der Organismen unter den eingestellten Bedingungen.

7.3 Aufgaben

Stellen Sie alle erfaßten Meßwerte grafisch dar!

Bestimmen Sie die Abbauleistung bezogen auf die Biomasse für die einzelnen Steady state-Bedingungen!

Bestimmen Sie die Raum-Zeit-Belastung (Phenolabbau in kg pro m^3 Reaktorvolumen pro Tag) für einige leistungsfähige Steady states!

Bestimmen Sie aus der Beziehung zwischen Biomassebildung, Phenolabbau und hydraulischer Verweilzeit den optimalen Betriebspunkt!

Errechnen Sie aus der Verdünnungsrate D die maximale Wachstumsrate μ_{max}

7.4 Fragen zur kontinuierlichen Einkomponenten-Kultur

Was versteht man unter Chemostat, was unter Turbidostat?

Was bedeuten die Begriffe Verweilzeit, Steady state und Auswaschpunkt bei der kontinuierlichen Kultur?

Was beschreibt die Raum-Zeit-Belastung (=Raum-Zeit-Ausbeute)?

Welche Parameter bestimmen die maximale Verdünnungsrate D?

8 Stoffabbau und Zellentwicklung in einem Zweikomponenten-Modellabwasser in kontinuierlicher Kultur mit Bakterien und Hefen

8.1 Einführung und Zielvorgabe

Anders als bei den Batch-Kulturen, aus denen Mikroorganismen nicht ausgeschleust werden, stellen kontinuierliche Kulturen offene Systeme dar, aus denen Mikroorganismen ausgewaschen werden können. Da die maximale Wachstumsrate μ_{max} bei hohen Substratkonzentrationen von der Mikroorganismenart und dem abzubauenden Stoff abhängt, ist bei einer Mischpopulation bei gleichem Substrat eine Verdünnungsrate D zu erreichen, bei der die langsam wachsende Art ausgewaschen, die schneller wachsenden Arten aber erhalten bleiben. Liegen zwei unterschiedlich verwertbare Substrate mit einer Reinkultur vor, die von den Mikroorganismen unterschiedlich schnell abgebaut werden, so wird eine Verdünnungsrate D erreicht werden können, bei der der schneller abbaubare Stoff noch gut verwertet wird, der langsam abbaubare Stoff sich allerdings anreichert. Unter den im Versuch gegebenen Bedingungen, daß neben dem schnell verwertbaren Zucker das langsam verwertbare Phenol bei erhöhten Konzentrationen für die Mikroorganismen toxisch ist, kann bei ausreichend langen Verweilzeiten ein problemloser Betrieb unterhalb der Toxizitätsgrenze gesichert werden, oder eine Vergiftung des Gesamtsystems bei zu geringen Verweilzeiten oberhalb der Toxizitätsgrenze des sich anreichernden Stoffes eintreten.

Allein durch die Zugabe einer weiteren Organismenreinkultur mit von der ersten Kultur abweichenden Stoffwechsel- und Toxizitätseigenschaften wird eine Komplexität des Systems geschaffen, die eine Vorhersagbarkeit der durch Zunahme der Durchflußrate zu erwartenden Veränderungen bezüglich des Stoffabbaus und der Organismen-Zusammensetzung nicht mehr erlaubt.

Mit dem nachfolgend beschriebenen Versuch soll die Möglichkeit gegeben werden, ein aus nur vier variablen "Teilnehmern" einer biologischen Reaktion bei bekannten biotechnischen Betriebsvarianten die kennzeichnenden Parameter Biomasse und Stoffkonzentration zu verfolgen. Mit diesem Versuch wird bewußt das Risiko eingegangen, weder ein repräsentatives noch ein reproduzierbares Ergebnis zu erhalten.

8.2 Versuchsdurchführung

Die Durchführung dieses Versuches ist vom Vorhandensein einer geeigneten sterilisierbaren Bioreaktoranlage abhängig zu machen, da als minimale Sicherung der Reproduzierbarkeit vergleichbare Startbedingungen und das Ausschließen von Fremdinfektionen gegeben sein sollten. Außerdem ist bei der Unabsehbarkeit der Ereignisse neben einer gewissen Erfahrung beim Betrieb von kontinuierlich arbeitenden Bioreaktorsystemen eine nahezu ständige Kontrolle über einen recht langen Zeitraum zu gewährleisten; es reicht demnach nicht, wenn allein der Laborleiter über die Erfahrungen und Kenntnisse verfügt. Bei der Gefahr der Anreicherung von Phenol im Abwasser und der damit verbundenen Gefahr des Ausgasens mit der Abluft ist entweder eine Aktivkohlefiltration nach Rückkühlung der Abluft oder der Betrieb unter einem laufenden Abzug verpflichtend.

Zeitbedarf:

Medienherstellung	12 - 14 Stunden
Aufbau des Reaktorsystems	10 - 12 Stunden
Versuchsdurchführung	8 - 12 Wochen
Arbeitszeit	100 Stunden und mehr

Benötigte Geräte und Chemikalien:

Bioreaktorsystem zur kontinuierlichen Betriebsführung (vgl. C 7),
2 Vorlagegefäße, Ablaufgefäß, Schüttelmaschine, pH-Meter, Fotometer,
Mikroskop, Zählkammer, Erlenmeyerkolben,
Nährsalze, Phenol, Glukose, Reagenzien zur Phenol-Indexbestimmung,
Glukosebestimmungs-Set,
Bäckerhefe

8.2.1 Herstellen und Lagerung des Modellabwassers

Das glukosehaltige und phenolhaltige Modellabwasser werden jeweils getrennt hergestellt und getrennt gelagert. Erst im Bioreaktor werden sie zusammengeführt. Zu einer Nährsalzlösung werden 4,0 g/l Glukose gegeben und dies gemeinsam autoklaviert. Für das Phenolabwasser wird die Nährsalzlösung separat autoklaviert und nach Abkühlen unter möglichst sterilen Bedingungen 1,0 g/l Phenol zugesetzt. Die benötigten Mengen richten sich dabei nach dem Bioreaktorvolumen und der Versuchszeit (vgl. C 7.2.1). Für die Lagerung gelten für beide Wässer die im Vorversuch beschriebenen Bedingungen.

8.2.2 Erstellen der Inokulumskulturen

Für den Versuch werden zwei Inokulumskulturen benötigt, eine auf Phenol adaptierte Bakterienkultur (*Pseudomonas*-Spezies) und eine auf Glukose vorgezogene *Saccharomyces cerevisiae*-Kultur. Die Phenolabbauer werden wie unter C 5.2.2 beschrieben zu Versuchbeginn angezüchtet. Mit dieser Kultur wird der Bioreaktor zu Versuchsbeginn angeimpft und eingefahren.
Die auf glukosehaltigem Medium angezogene Hefekultur (s. C 5.2.1) wird erst nach dem Einfahrprozeß eingesetzt.

8.2.3 Aufbau eines kontinuierlich arbeitenden Bioreaktors

Für den Versuch ist ein Bioreaktor-System, wie es als Standard-System im Vorversuch beschrieben ist, notwendig. Als Erweiterung werden ein zweiter Vorlagebehälter für das Glukosemedium und eine zweite regelbare Schlauchpumpe benötigt (s. Abb. C 8.1).

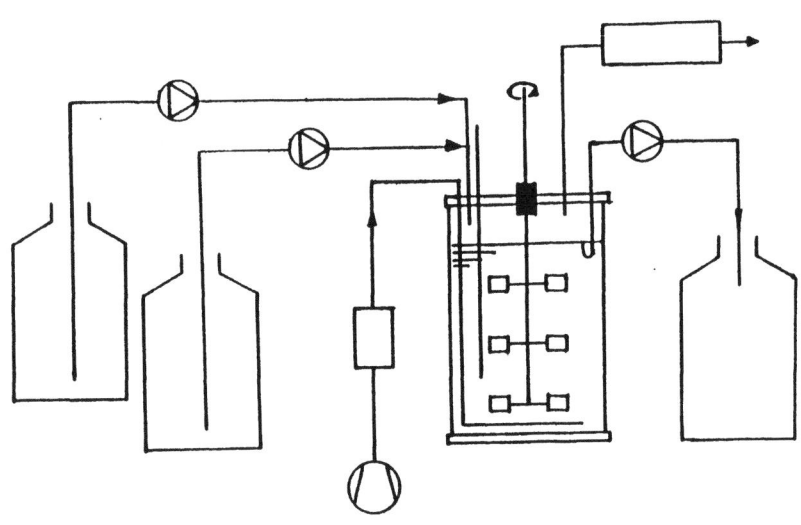

Abb. C 8.1 : Reaktorsystem zur kontinuierlichen Behandlung eines Zweikomponenten-Abwassers

8.2.4 Einfahren des Bioreaktors mit phenolabbauenden Bakterien und Phenol als einziger Kohlenstoffquelle

Zur Etablierung des phenolabbauenden Potentials im Reaktorsystem wird der Einfahrprozeß analog zum Vorversuch durchgeführt. Nach der Batch-Kultur bis nahe der stationären Phase wird bis zu einer Verweilzeit von ca. 12 Stunden die kontinuierliche Kultur stabilisiert. Danach wird die Zufuhr des phenolhaltigen Abwassers halbiert und das Glukose enthaltende Abwasser mit gleicher Zuflußrate zugegeben, so daß die hydraulische Verweilzeit von 12 Stunden erhalten bleibt. Gleichzeitig wird mit der Hefevorkultur (ca. 5 % zum Reaktorvolumen) beimpft.

8.2.5 Kontinuierlicher Betrieb nach Hefezugabe mit Zweikomponenten-Modellabwasser

Unter den beschriebenen Betriebsbedingungen wird bei der Verweilzeit von 12 Stunden mindestens drei Tage das System belassen und zweimal täglich gemessen oder abgeschätzt (Mikroskopie), ob sich bezüglich der Zellzahlen zwischen Hefen und Bakterien ein stabiler Zustand einstellt. Ist dies unter den vorgegebenen Bedingungen bereits nicht der Fall, sollte der Versuch abgebrochen, erneut gestartet und unter den vorgegebenen Bedingungen die Veränderung des Systems durch Parametererfassung beschrieben werden. Kann dagegen ein Steady state-Zustand für das Zweikomponentengemisch erzielt werden, so ist der Versuch bis zum Auswaschen einer Organismenart (vornehmlich der Hefe) oder der deutlichen Anreicherung von Phenol durch langsames Erhöhen der Zulaufgeschwindigkeit und Erfassung der sich einstellenden Steady states weiterzuführen.

8.2.6 Erfassung des pH-Wertes

Der pH-Wert kann sich bedeutend auf die Wachstumseigenschaften von Mikroorganismen auswirken. Veränderungen führen zu Verschiebungen in der Organismenpopulation. Allgemein gilt, daß Pilze, zu denen die Hefen gehören, besser im sauren, Bakterien besser in leicht alkalischen Medien wachsen, obwohl sie meist im Neutralbereich ihr Optimum besitzen.

Sollte bei einem bereits vorhandenen Bioreaktorsystem eine pH-Sonde vorhanden sein, ist die kontinuierliche (online) Erfassung angezeigt. Je nach Ausstattung des Labors sollte jede entnommene Probe mit einer gut geeichten pH-Elektrode gemessen oder mit einem pH-Papier, das recht genau im Neutralbereich (pH 6 bis 8) Farbwechsel zeigt, bestimmt werden.

8.2.7 Erfassung der Hefe- und Bakterienzellzahl

Bakterien und Hefen lassen sich aufgrund der Größenunterschiede leicht unterscheiden, eine Zählung dagegen ist oft schwierig. Trotzdem sollte versucht werden, allein durch Auszählen der Organismen in einer Thomakammer die Zellzahlen von Hefen und Bakterien zu bestimmen. Stehen keine Thomakammern zur Verfügung, kann mittels einer Verhältnisabschätzung unter Benutzung eines Lebendpräparates eine mögliche Verschiebung der Populationszusammensetzung abgeschätzt werden. Für genaue Untersuchungen bleibt nur das Ausspatelverfahren auf Selektivnährböden und die notwendige mikroskopische Kontrolle. Da dazu viel Material und Zeit aufzubringen ist, sollte es von der Wertigkeit dieses Versuches im Rahmen des Praktikums abhängig gemacht werden, welche Methode erforderlich bzw. ausreichend ist.

8.2.8 Erfassung der Glukose- und Phenolkonzentration

Die hierzu anwendbaren Methoden sind bereits in C 5.2.5 beschrieben. Bei der Anreicherung von Phenol ist mit einer Störung des enzymatischen Glukosebestimmungstestes zu rechnen. Es bleibt wegen der Unberechenbarkeit des Versuchsablaufes zu überlegen, ob zur Erfassung des Effektes eine halbquantitative Glukosebestimmung mittels Teststäbchen nicht ausreichend ist. Die Phenolbestimmung mittels Phenol-Index ist die apparativ einfachste Methode, obwohl zeitlich recht aufwendig. Sollte ein geeigneter Gaschromatograph verfügbar sein, kann er zur Phenolbestimmung selbstverständlich in das System integriert werden.

8.3 Aufgaben

Nach Auffassung des Autors ist dieser Versuch derart aufwendig, daß sich als Aufgabe die Durchführung und schriftliche Erfassung der Phänomene formulieren läßt. Erst die Erfahrung mit diesem Versuch nach mehrmaliger Durchführung sollten Anlaß für den Laborleiter sein, hier konkrete Aufgaben festzulegen.

8.4 Fragen zur kontinuierlichen Kultur im Zweikomponentensystem

Welche Methoden könnten zur Unterscheidung von zwei unterschiedlichen Bakterienstämmen geeignet sein?

Welche Zusammenhänge bestehen zwischen Stoffabbau, Mikroorganismus und Umgebungsbedingungen?

Welche Organismengruppe hat auf Glukose eine kürzere Generationszeit - Bakterien oder Hefen?

Welche Wirkung kann ein Schadstoff in einer Abwasserreinigungsanlage auslösen?

9 Stoffabbau und Biomasseentwicklung bei der kontinuierlichen Abwasserbehandlung

9.1 Einführung und Zielvorgabe

Sowohl kommunale als auch gewerbliche und industrielle Abwässer sind in aller Regel sehr heterogen zusammengesetzt. Unterschiedliche organische Kohlenstoffquellen, organische und anorganische Stickstoffquellen, verschiedenste anorganische Salze und oft auch organische Schadstoffe und Schwermetalle sind Inhaltsstoffe solcher Wässer. Damit wird erheblicher Einfluß auf das Wachstum und die Zusammensetzung der Mikroorganismen-Population genommen. Zudem ist von einem ständigen Wechsel von Inhaltsstoffen und deren Konzentration auszugehen. Für eine biologische Abwasserreinigung ist demnach zu fordern, daß ein biologisches System vorliegt, das sich den Bedürfnissen ständig neu anpaßt. Um dies realisieren zu können, werden nahezu alle Abwasserreinigungsanlagen als offene Systeme betrieben. Alle in der Umgebung einer Kläranlage befindlichen Organismen können in sie hineingelangen und, falls es ihnen möglich ist, am biologischen Gesamtprozeß der Abwasserreinigung teilnehmen. Je nach Belastung können neben Bakterien und Pilzen auch pflanzliche und tierische Lebewesen in einer Abwasseranlage existieren. Dabei kann davon ausgegangen werden, daß in gering belasteten Wässern wenige Individuen einer Vielzahl von Arten auftreten, in schmutzigen und schadstoffbelasteten Wässern von wenigen Arten sehr viele Individuen auftreten.

Die Tatsache, daß die tierischen Lebewesen, meist einzellige Formen wie Ziliaten, Flagellaten und Amöben (Protozoen), sich von den Bakterien ernähren, führt zu einer Oszillation der Bakterien- und Protozoenpopulation: sind viele Bakterien vorhanden, können sich die Protozoen ungehemmt vermehren, bis sich die Bakterienpopulation derart verringert, daß sie für eine weitere Vergrößerung der Protozoenpopulation nicht mehr ausreicht. Ein erheblicher Teil der Protozoen stirbt ab, und damit kann sich die Bakterienpopulation wieder wesentlich vergrößern.

Trotzdem haben sich die biologischen Reinigungsverfahren in weiten Bereichen für die Behandlung kommunaler wie industrieller Abwässer bewährt. Voraussetzung dazu ist eine geeignete, an die Bedingungen der Abwasserzusammensetzung angepaßte Betriebsweise. Um das Auswaschen von Organismen mit langen Wachstumsraten zu verhindern, werden die Organismen im Abwasserbehandlungssystem zurückgehalten. Dies kann durch Schlammrückführung oder durch Immobilisation der Organismen erfolgen. Bei Kläranlagen, die mit gerührten oder begasten Becken arbeiten, wird der biologisch aktive Schlamm in einer Absetzeinrichtung (Eindicker) aufkonzentriert und ein Teil dieses angereicherten Schlammes in das Belebungsbecken zurückgeführt. Der nicht mehr benötigte Schlamm wird als Überschußschlamm abgeführt.

Bei Anlagen, die feste oder bewegliche Trägermaterialien besitzen, entwickeln sich auf diesen Feststoffen Beläge vorwiegend aus Bakterien aus. Diese Biofilme haften an den Feststoffen. Wird durch einen Rückhaltemechanismus ein Entfernen der Feststoffe verhindert, bleiben die Organismen nahezu vollständig in der Abwasserbehandlungsanlage zurück. Der durch Ablösen von Biofilmteilen und suspendierte Organismen ausgetragene Bioschlamm braucht nicht zurückgeführt werden. Als Biofilmsysteme haben sich Tropfkörper, Tauchtropfkörper, Wirbelbettreaktoren und Kombinationen aus Tauchkörpern und Belebungsbecken in der Praxis durchgesetzt.

Ziel des hier vorgesehenen Versuches ist es, die Prozesse der biologischen Abwasserreinigung in einer überschaubaren Behandlungsanlage kennenzulernen und charakteristische Parameter unter den praxisnahen Bedingungen einer kontinuierlichen Betriebsführung zu erfassen. Darüber hinaus sollte dieser Versuch dem technisch vorgebildeten Praktikanten zeigen, daß neben den zu messenden Größen und einstellbaren Parametern auch "subjektive" Kriterien zur Beurteilung einer Abwasserreinigungsanlage gehören. Geruch, Färbung und makroskopisches Aussehen, Flocken- oder Biofilmstrukturen und die Zusammensetzung der Abwasserbiozönose, die durch Mikroskopie sichtbar wird, sind ebenfalls wichtige Kriterien für die Leistungsfähigkeit und sichere Betriebsweise einer Kläranlage.

9.2 Versuchsdurchführung

Zeitbedarf:

Beschaffung des Abwassers	2 - 8 Stunden /Charge
Aufbau der Bioreaktoranlage	5 - 10 Stunden
Versuchsdurchführung	mehrere Wochen oder Monate
Arbeitszeit	von Versuchsziel und -dauer abhängig

Benötigte Geräte und Chemikalien:

Bioreaktoranlage für kontinuierlichen Betrieb, (gekühlter) Vorlagebehälter, CSB-Meßplatz/TOC-Analysator, Zentrifuge/Sterilfiltergerät, Trockenschrank, Mikroskop, Imhoff-Trichter / Meßzylinder
Reagenzien zur CSB-Bestimmung

9.2.1 Beschaffung, Transport und Lagerung des Abwassers

Da die benötigten Wassermengen für den nachfolgenden Versuch recht beträchtlich sein können, kommt diesem Punkt eine große Bedeutung zu. Zunächst ist es erforderlich, sich mit einem Abwasserproduzenten über die "Lieferung" ausreichender Mengen Abwassers mit gleichbleibender oder wenigstens charakteristischer Belastung zu einigen. Diese Lieferung sollte in möglichst kurzen Abständen möglich sein, da sich bei längerer Lagerung das Wasser derart in seiner stofflichen Zusammensetzung ändern kann, daß die in der Abwasserbehandlungsanlage gemessenen Daten keine Aussagekraft mehr besitzen. Größere Mengen ließen sich nur bei Lagerung in einem Kühlraum bei ca. 4 °C für 7 bis 14 Tage bevorraten. Dabei ist darauf zu achten, aus welchem Material der Lagerbehälter bestehen sollte. Bei kommunalem Abwasser reichen Kunststoffbehälter in aller Regel aus. Sind Mineralöle oder Phenole im Abwasser, so sollten Materialien verwendet werden, bei denen die Weichmacher nicht durch die Abwasserinhaltsstoffe angegriffen werden können. Für wissenschaftliche Untersuchungen mit problematischen oder aggressiven Inhaltsstoffen sollten gar Vorlagebehälter aus Glas oder Edelstahl verwendet werden.

Aus langjähriger Erfahrung ist jedoch ein anderes Vorgehen hier angezeigt. Da es meist wesentlich einfacher ist, eine Abwasserreinigungsanlage in kleinem Maßstab einmal am Abwasserentstehungsort aufzubauen und zu betreiben, als nahezu täglich größere Wassermengen zu transportieren, ist es zu empfehlen, mit einem Abwasserproduzenten Kontakt aufzunehmen, diesen für biologische Behandlungsverfahren zu interessieren und eine "steckdosentaugliche" Anlage zu installieren und zur bestehenden Anlage in Bypass zu betreiben. Unter "Steckdosentauglichkeit" ist zu verstehen, daß die Versorgung der Abwasserbehandlungsanlage mit Luft, Abwasser und Meßgeräten über eine betriebsseitige Steckdose möglich ist. Der große Vorteil eines Bypass-Betriebes besteht neben der problemlosen Abwasserversorgung in der ebenfalls problemlosen Abwasserentsorgung nach der Behandlung. Das Ableiten des biologisch gereinigten Wassers kann je nach Reinigungsleistung durch Einleiten in die Kanalisation oder Rückführung in die betriebliche Abwasserbehandlungsanlage erfolgen.

9.2.2 Aufbau einer Abwasserbehandlungsanlage nach OECD-Vorgabe

Zur Untersuchung der biologischen Abbaubarkeit von löslichen, nicht flüchtigen Substanzen ist eine Abwasserbehandlungsanlage im Labormaßstab durch die OECD (Organisation for Economic Cooperation ans Development, OECD Guidelines for Testing of Chemicals) vorgeschlagen worden. Im Abschnitt 303A "Simulation Test-Aerobic Sewage Treatment: Coupled Unit Test" ist eine genaue Angabe der Anlagenkomponenten und Abmaßungen gegeben. Als Material ist PVC oder Glas vorgegeben.

Die Anlage besteht neben den peripheren Anlagenteilen und Geräten wie Vorlage (1) und Auffangbehälter (2), Abwasserförderpumpe (3) und Druckluftquelle (4) mit Luftmengenmeßeinrichtung (5) aus einem Belebungsbehälter (6) mit 3 l Arbeitsvolumen, einem damit verbundenen Absetzbehälter (7) und einer Mammutpumpe (8) in einem Steigrohr, das den unteren Konus des Absetzbehälters mit dem oberen Rand des Belebungsbehälters verbindet.

Die Anlage ist so aufzubauen, daß alle Teile von allen Seiten zu sehen und zu bedienen sind. Dazu ist ein einfaches Rohrrahmengestell mit Halterungen für die Bauteile gut geeignet.

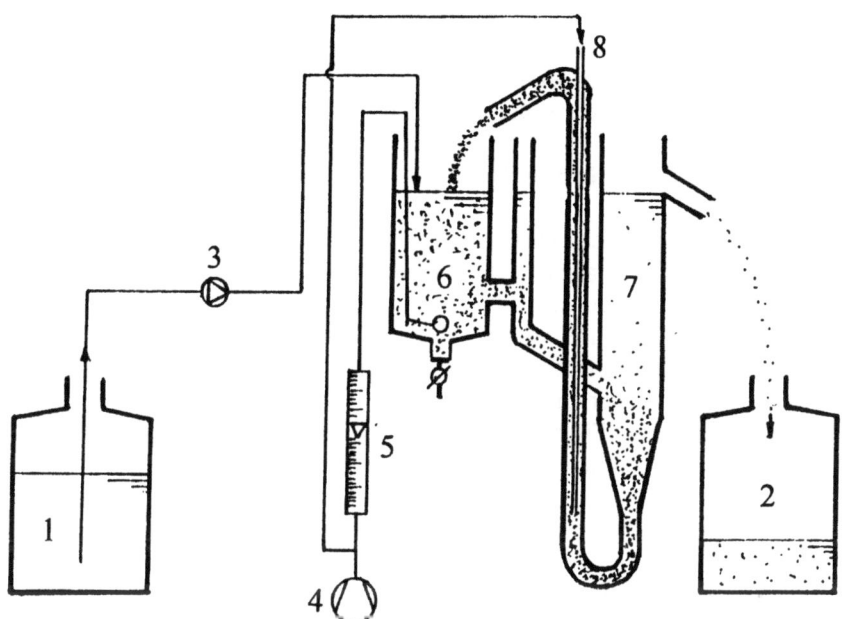

Abb. C 9.1: Abwasserbehandlungsanlage nach OECD-Vorgabe (s. Text)

9.2.3 Einfahren der Anlage

Zum Einfahren dieser Anlage wird nicht wie bei den beiden vorhergehenden Versuchen zunächst ein Batch-Betrieb, sondern gleich in kontinuierlicher Betriebsweise eingefahren. Dazu wird das zu behandelnde Abwasser mit bereits darin vorhandenem aktiven Schlamm in den Begasungsbehälter gebracht, so begast, daß sich ein deutlicher Sauerstoffüberschuß in der Anlage befindet (pO_2-Elektrode) und langsam die Zulaufpumpe betätigt, bis der Überlaufbehälter gefüllt ist.

Ist kein aktiver Schlamm vorhanden, so muß natürlich zunächst wieder im Batch-Betrieb eine geeignete Biomassekonzentration aufgebaut werden.

Es ist nun festzustellen, wie gut sich der Schlamm im Absetzbecken absetzt. Davon ist der Betrieb der Mammutpumpe zur Schlammrückführung in das

Belebungsgefäß abhängig zu machen. Bei sehr gut absetzbarer Biomasse ist in stündlichen Intervallen mit 1 bis 2 minütiger Dauer die Mammutpumpe zu betreiben. Es ist darauf zu achten, daß dabei der gesamte abgesetzte Schlamm in das Belebungsgefäß gerät. Sollte dies in der angegebenen Pumpzeit nicht erfolgen, ist diese entsprechend zu verlängern. Setzt sich der Schlamm nur sehr langsam ab, muß das Rückführintervall wesentlich verlängert werden.
Bereits in der Einfahrphase kann mit recht kurzen Verweilzeiten gearbeitet werden, da die (adaptierte) aktive Biomasse erhalten bleibt. Sind die Parameter (Temperatur, pH-Wert, Schlammkonzentration) der großtechnischen Abwasseranlage bekannt, so kann nach einem Einfahrbetrieb mit etwa zweidrittel oder dreiviertel der Verweilzeit der technischen Anlage bei zwei bis drei Volumenwechseln die Verweilzeit der technischen Anlage realisiert werden.

9.2.4 Erfassung des Schlammindexes

Ein Maß zur Charakterisierung der Absetzeigenschaften des biologischen Schlammes einer Kläranlage ist der Schlammindex. Dazu wird 1 Liter gut durchmischten Abwassers in einen graduierten Meßzylinder oder einen Imhofftrichter gegeben und für eine halbe Stunde ruhig stehen gelassen. Der sich absetzende Schlamm bildet mit dem trüben Wasser eine Trennlinie. Hier wird das abgesetzte Schlammvolumen auf der Gradation abgelesen. Vom gleichen Wasser wird nach Abzentrifugieren oder Filtrieren über einen 0,2 µm-Filter das Trockengewicht bestimmt. Der Schlammindex oder auch Schlamm-Volumen-Index ISV errechnet sich nach der Formel:

$$ISV = \frac{V_B}{TS} \text{ (ml/g)}$$

wobei V_B das Volumen des Belebtschlammes (in ml) und TS die Trockensubstanz (in g) bedeuten.
Beträgt das Schlammvolumen mehr als 250 ml/l Abwasser, so ist die Probe vor der Bestimmung geeignet zu verdünnen.

9.2.5 Erfassung der CSB/TOC-Konzentration

Die im Abwasser verbleibende CSB- oder TOC-Restkonzentration kann als Maß der Reinigungsleistung einer Abwasseranlage angesehen werden. Je nach Belastung des Wassers und der Einstellung der Betriebsparameter wie Temperatur, pH-Wert, Schlammkonzentration und Verweilzeit werden unterschiedliche Restkonzentrationen erreicht. Im vorliegenden Versuch sollen für unterschiedliche Verweilzeiten die CSB- oder/und TOC-Konzentrationen bestimmt werden. Dazu soll die Abwasseranlage eine Betriebszeit von mindestens dem zweifachen der Verweilzeit des Gesamtsystems durchlaufen haben. Die Bestimmungsmethoden sind bereits in A 2.4.2 und C 6.2.4 beschrieben.

9.2.6 Mikroskopische Beobachtung der Biomasse

Da die hier beschriebene Versuchsanordnung recht genau die Bedingungen in einer Kläranlage wiedergibt, können viele wichtige Phänomene optisch verfolgt werden. Durch häufige (tägliche) Mikroskopie ist die Änderung der Flockenstruktur, das Vorhandensein von Ziliaten, Flagellaten, Amöben und anderen tierischen Einzellern sowie Algen und höhere Lebewesen (Spulwürmer) zu erkennen. Der Vergleich der mikroskopischen Bilder mit makroskopisch erkennbaren Effekten kann Rückschlüsse auf die Qualität der Biomasse und damit des Reinigungsprozesses erlauben.

9.3 Aufgaben

Stellen Sie die Rest-CSB- bzw. Rest-TOC-Konzentrationen in Abhängigkeit von der Verweilzeit dar!

Vergleichen Sie beschreibend die Abbauleistung der Anlage mit dem Zustand der Flocken!

Bestimmen Sie die Zeit-Raum-Belastung für unterschiedliche Verweilzeiten!

9.4 Fragen zur mikrobiologischen Abwasserbehandlung

Warum werden im realen Abwasser vorwiegend Summenparameter zur Charakterisierung der Reinigungsleistung einer Kläranlage benutzt?

Was sagt der Schlamm-Volumen-Index aus?

Was versteht man unter der Schlammbelastung kg CSB/ kg TS * Tag?

Welche Aufgabe hat das Rückführen des Bioschlammes in einer Belebungsanlage?

Wie ist die Biomasseproduktion bzw. die Überschußschlammbildung einer Belebungsanlage zu bewerten?

D Anregungen zu weiterführenden Versuchen

1 Biologische Behandlung kontaminierter Böden

1.1 Einführung

Die Verunreinigung von Böden durch den Eintrag von Schadstoffen vorwiegend durch unsachgemäßen Umgang mit solchen Chemikalien kann zur Folge haben, daß das Grundwasser und damit das Trinkwasser mit diesen Stoffen belastet und so eine Gesundheitsgefährdung herbeigeführt wird. Auch die Aufnahme von giftigen Böden durch spielende Kinder stellt eine direkte Gefährdung dar. Ausgasung und Verstaubung und die damit einhergehende Aufnahme durch Lunge und Haut sind ebenfalls bedeutende Gesundheitsrisiken für den Menschen. Darüber hinaus muß eine Gefährdung des Ökosystems auch ohne direkt erkennbare Folgen für den Menschen durch kontaminierte Böden und Altlasten ausgeschlossen werden.
In besonderen Fällen lassen sich Schadstoffe im Boden durch Mikroorganismen abbauen und damit die Gefährdung beseitigen. Die mikrobiologische Sanierung von Böden spielt aufgrund der einfachen Technik und den damit verbundenen niedrigen Kosten eine wichtige Rolle bei der Behandlung von Altlasten. Die erforderlichen Organismen liegen in aller Regel bereits im kontaminierten Bodenmaterial vor und es bedarf "lediglich" einer geeigneten Aktivierung. Nachteil einfacher biologischer Sanierungsverfahren ist deren Dauer. Bei In situ-Anwendungen, d. h. der Boden verbleibt während der gesamten Behandlung in seiner Ursprungslage und wird nicht bewegt, müssen mehrjährige Betriebssysteme eingerechnet werden. Beet- oder Mietentechniken, also Behandlungsverfahren, bei denen ein ausgekofferter und oft mit strukturverbessernden und abbaufördernden Zusätzen vermischter Boden zur Behandlung ansteht, benötigen zwei bis drei Vegetationsperioden. Wird der Boden während der Behandlung aufgelockert (Wendemiete) oder gar in Reaktoren vermischt, lassen sich Behandlungszeiten von wenigen Wochen realisieren. Die Vielfalt der Behandlungsmöglichkeiten weist darauf hin, daß im Labor Voruntersuchungen zur Anwendung geeigneter Systeme notwendig und wissenschaftlich-technische Forschungsarbeiten zur Entwicklung neuer Verfahren erforderlich sind.

Da der Umgang mit biologischen Systemen in Böden und die analytische Erfassung der darin vorhandenen Chemikalien besonders problematisch ist, sollen nachfolgend einige Anregungen zu Versuchen mit Böden als Behandlungsgegenstand gegeben werden. Dabei soll der derzeitige Stand des Wissens mit Berücksichtigung finden.

1.2 Mineralölabbau in sandigen Böden

Sandige Böden erlauben einen weitgehend gleichmäßigen Durchfluß von Wasser und somit eine Versorgung der im Boden vorhandenen Mikroorganismen mit den benötigten Nährstoffen. Sie sind geeignet, um mit Naßverfahren behandelt zu werden. Dazu wird Nährstoffe enthaltendes Wasser durch den Bodenkörper versickert und in einem Gefäß aufgefangen. Das Wasser wird von einer Pumpe wiederum auf den Bodenkörper aufgegeben und so ein Behandlungs-Wasserkreislauf hergestellt. Die Mikroorganismen erhalten aus dem Kreislaufwasser Stickstoff-, Phosphat- und Nährsalzverbindungen sowie Sauerstoff. Gleichzeitig werden Abbauprodukte, die wasserlöslich sind, aus dem Boden entfernt.

Sind nur wenig in Wasser lösliche Mineralölkohlenwasserstoffe (MKW) und diese zersetzende Mikroorganismen im Boden vorhanden, wird durch die Zugabe von Nährstoffen die biologische Abbauaktivität wesentlich gesteigert und es findet eine Umsetzung der MKW zu CO_2, H_2O und Biomasse statt. Zur besseren Aufnahme der hydrophoben Öle sind viele Bakterien in der Lage, Biotenside zu produzieren. Diese steigern die Emulgierbarkeit und Löslichkeit und führen somit wiederum zu einem schnellen MKW-Abbau im Boden.

Im nachfolgend kurz skizzierten Versuch sollen die o.a. Phänomene genutzt und das erzielbare Ergebnis erfaßt werden.

Beschaffung des Bodens. Günstig ist es, einen bereits mit MKW kontaminierten Sandboden aus einem Raffinerie-Gelände, einer Tankstelle oder einem Heizöllager zu beschaffen und den MKW-Gehalt mittels IR-Spektroskopie (H18-Methode) zu bestimmen. Die MKW-Konzentration sollte mindestens 2000 mg/kg Boden, jedoch nicht mehr als 5000 mg/kg Boden betragen. Der Boden sollte eine Körnung im Mittelsandbereich mit einem Feinstkornanteil < 5 % aufweisen. Mikroorganismen sollten in ausreichender Anzahl vorhanden sein.

Ist ein solches Material nicht zu beschaffen, kann auch mittelkörniger Bausand mit entsprechenden Mengen an Dieselöl vermischt werden. Wichtig ist, daß eine innige Vermischung von Öl und Sand erfolgt, um bei der Konzentrationsbestimmung ein halbwegs gleichmäßiges Ergebnis über den gesamten Bodenkörper zu erhalten. In diesem Fall müssen jedoch geeignete Mikroorganismen dem Boden zugeführt werden. Anreicherungen aus Diesel als einziger C-Quelle sind hier geeignet. Es sollte ein Bakterientiter von 10^4 bis 10^5 KBE/g Boden eingestellt werden.

Aufbau und Betrieb einer Bodensäule. Eine Säule (1), am besten aus Glas, wird mit dem kontaminierten Sand gefüllt. Als Sohle (2) und Oberflächenbelag (3) kann eine Schüttung aus Raschigringen besonders empfohlen werden. Nach unten ist ein konischer Ausgang mit Siebplatte (4) und ein Ablauf (5) vorzusehen, in den das Behandlungswasser in einen Auffangbehälter (6) abfließt. Der Sauerstoffeintrag kann durch Rühren oder Begasen verbessert werden; dies ist aber nicht unbedingt erforderlich, da beim Verteilen des Wassers auf der Raschigringlage an der Säulenoberfläche Luftsauerstoff aufgenommen wird. Mittels einer Pumpe (7) gelangt das Behandlungswasser auf die Säule.

Nährsalzlösung wird in den Auffangbehälter gegeben und mit der Pumpe bei einer Fördermenge bei der noch kein Wasserstau auftritt über die Säule getröpfelt. Nachdem der Bodenkörper vollständig durchnäßt ist und das Behandlungswasser erstmals aus der Säule in den Auffangbehälter tropft, ist die Zeit t_0 festzuhalten.

Um ein günstiges Abbauverhalten nachweisen zu können, sollte der Versuch mindestens 28 Tage andauern. Eine Verlängerung der Versuchszeit auf 6 oder gar 8 Wochen ist durchaus sinnvoll.

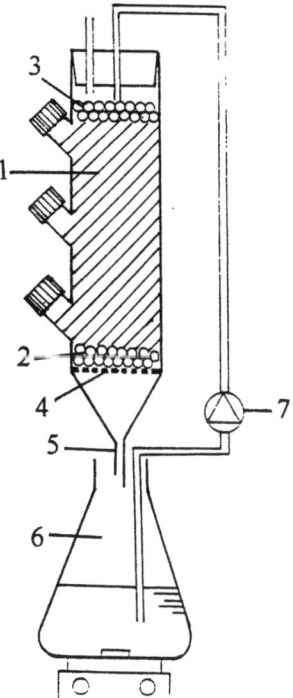

Abb. D 1.1: Aufbau einer Bodensäule (s. Text)

Analytische Erfassung der MKW. Hier soll nicht die IR-Bestimmungsmethode vorgestellt werden. Ist ein solches IR-Spektrometer mit Eignung für die H18-Bestimmung vorhanden, liegen Vorschrift und Erfahrung mit Lösemittel, Extraktionsmethode und apparativem Umgang vor. Ist es nicht vorhanden, kann der beschriebene Versuch in der gedachten Form nicht durchgeführt werden.

Je nach Zielsetzung und Volumen der Säule lassen sich unterschiedliche Fragestellungen mit dem skizzierten Versuchsaufbau bearbeiten. Soll lediglich ein Anfangs- und Endwert für den MKW-Gehalt ermittelt werden, sind nur zu Versuchsbeginn und zu Versuchsende chemische Analysen erforderlich. Um mit den Werten ohne andere parallel ermittelte Parameter Aussagen zur biologischen Aktivität zu erhalten, ist es erforderlich, ein steriles System mit gleichem Aufbau und gleicher Betriebsweise als Blindprobe mitlaufen zu lassen. Dazu ist der Boden zu sterilisieren oder zu Cyanid- oder Quecksilberverbindungen zu vergiften, um eine mikrobielle Aktivität zu verhindern.

Ist die Abbaugeschwindigkeit zu erfassen, müssen mehrere Proben während der Laufzeit analytisch erfaßt werden. Dabei sollten 10 Kurvenpunkte das Minimum darstellen. Je nach abgeschätzter Laufzeit sind die gleichmäßigen Probenintervalle festzusetzen (bei 28 Tagen alle 3 Tage Probennahmen).

Aussagen der Versuchsanordnung. Die hier vorgestellte Anordnung läßt Versuche zu, die Auskunft darüber geben, ob der Boden bei einer Naßbehandlung zur Verstopfung neigt. Ist dies der Fall, entsteht auf der Säulenoberfläche ein Wasserstau und es muß entweder die Durchflußrate gesenkt oder gleich auf ein anderes Behandlungsverfahren zurückgegriffen werden.

Die chemische Analytik erlaubt eine Feststellung zum MKW-Abbaugrad (meist prozentual angegeben) der autochthonen Bodenorganismen und die unter den vorgegebenen Bedingungen erreichbare Grenzkonzentration (bei Langzeitversuchen). Eine Simulation der technischen Anwendung z. B. als In situ-Maßnahme mit hydraulischem Grundwasserumlauf kann nur annähernd durchgeführt werden, da die Parameter Temperatur und Durchflußgeschwindigkeit durch einen ungestörten Bodenkörper nicht ausreichend sicher nachgeahmt oder abgeschätzt werden können.

Erweiterung oder Abänderung des Versuches. Eine Erweiterung im Sinne der Erfassung weiterer prozeßbeschreibender Parameter ist jederzeit möglich (Zellzahl, Temperatur, pH-Wert im Behandlungswasser, Mikroskopie usw.) und zur Abschätzung des Verfahrens und Sicherung der ergänzenden Parameter erforderlich. Auch lassen sich bei geeigneter Analytik andere Schadstoffe wie PAK, CKW u. a. bestimmen.

Eine Änderung im Sinne einer einfacheren Analytik ist dahingehend möglich, daß anstelle der MKW hier auch Phenol eingesetzt wird. Problematisch ist die Verteilung von Phenol im Boden (Lösung des Phenols in einem leichtflüchtigen organischen Lösemittel, Vermischung mit Boden und Abdampfen des Lösemittels). Und die Bestimmung des Phenolindex' im Eluat (Behandlungswasser) stellt nur sehr unzureichend die Konzentrationsverhältnisse im Boden dar.

1.3 Zellzahlentwicklung bei der Bodenbehandlung

Bei allen Böden, die ein Naßverfahren zur Sanierung nicht erlauben, weil die Durchsickergeschwindigkeit für das Wasser durch den Boden zu gering ist, lassen sich biologische Sanierungstechniken anwenden, die sich durch Zugabe von Nähr- und Strukturstoffen oder durch Vermischung des Bodenmaterials ausweisen. Während im ersten Fall Rotteverfahren simuliert werden, bei denen der Boden als statische Phase vorliegt, stellen die Techniken mit ständiger Durchmischung dynamische Reaktorverfahren dar. Die in der technischen Anwendung oft benutzte Wendemiete und einige Reaktorverfahren mit kurzen Durchmischungsintervallen bei langen Ruhephasen befinden sich in der Mitte beider o. a. Verfahren und können als semidynamische Verfahren bezeichnet werden.
Um die mikrobielle Aktivität in einem kontaminierten Boden nachweisen zu können, kann die Veränderung der Mikroorganismen-Population benutzt werden. Die differenzierte Erfassung der Zellzahl ist dazu eine geeignete Methode. Die absoluten Zellzahlen und die Verhältnisse zwischen der Gesamtkeimzahl und der Anzahl an Schadstoffabbauern gibt Hinweise auf die oft komplizierten Abbauvorgänge im Boden.

Beschaffung der Böden und Zuschlagmaterialien. Da bei diesem Versuch nicht unbedingt eine chemische Erfassung der Schadstoffe erforderlich ist, kann hier Bodenmaterial eingesetzt werden, dessen Schadstoffgehalt und -komponenten recht weit variieren. Voraussetzung ist allerdings, daß dieser Boden seit längerer Zeit mit den Schadstoffen kontaminiert ist und eine geeignete "Biologie" darin vorliegt. Es muß bekannt sein, ob die für die Versuche relevanten Schadstoffe im Boden vorhanden sind. Die günstigste Variante zur Bodenbeschaffung ist die, von einem bereits voruntersuchten Altlaststandort eine frische Probe zu entnehmen und die für andere Zwecke erforderlichen Analysedaten zu erhalten. Dazu kann man sich mit den zuständigen Behörden (StAUN, Umweltamt) und Untersuchungsinstituten in Verbindung setzen. Ist nur die Entwicklung der Mikroorganismen Ziel des Versuches, so reichen geringe Bodenmengen von ca. 100 g bereits aus.
Als organischer Zuschlagstoff eignet sich Kompost, da er die Wasserhaltekapazität verbessert und zur biologischen Aktivität des Bodens weitere Organismen und Enzyme, die den Schadstoffabbau fördern können, hinzufügt. Es sollte hier frischer oder reifer Kompost mit möglichst gleichmäßiger und feiner Struktur eingesetzt werden. Dieser Kompost kann als Komposterde gekauft oder aus dem Komposthaufen im eigenen Garten ausgelesen werden.

Aufbau und Betrieb einer Standkultur. Als Gefäß kommt ein großvolumiger, verschließbarer Glaskolben zum Einsatz. Dieser wird mit einer gut feuchten, aber nicht nässenden Bodenprobe befüllt. Je nach Körnung kann die Probe mit Kompost als Zuschlagstoff versetzt werden. Dabei gilt, daß je feinkörniger das Material ist, desto mehr Kompost hinzuzufügen ist. Eine Grenze von 10

Gewichtsprozent sollte allerdings nicht überschritten werden. Dem Boden sollte ebenfalls etwas Gartendünger in flüssiger Form oder als Granulat untergemischt werden.

Da der vorgestellte Versuch zur Simulation eines Rotteverfahrens geeignet ist, kann er als Langzeitversuch zur Ermittlung des Schadstoffabbaus (s. o.) eingesetzt werden. Damit keine oberflächliche Austrocknung des Bodenmaterials eintritt, ist eine Auskleidung der Gefäßinnenwand mit einem angefeuchteten Filterpapier angezeigt.

Aufbau und Betrieb eines horizontalen Rollreaktors. Bei besonders feinkörnigen Böden, die vorwiegend aus Feinschluff und Ton bestehen, können Untersuchungen zur biologischen Aktivität und zum Schadstoffabbau in Bioreaktoren erfolgen. Eine Variante stellt der Rollreaktor (Abb. D 1.2) dar.

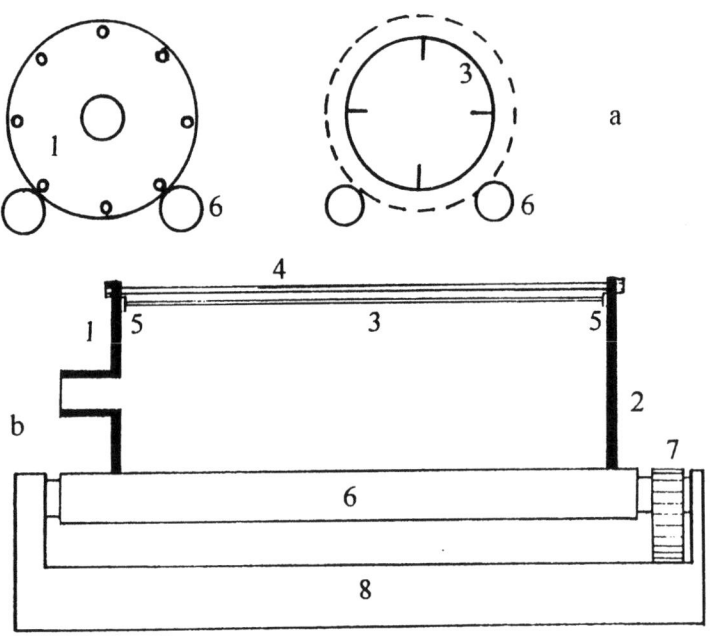

(1) Deckel (2) Boden (3) Glaswand (4) Spannstab (5) Dichtung
(6) Antriebsrolle (7) Antriebsriemen (8) Antriebsgestell
a) Frontansicht/Querschnitt b) Seitenansicht/Längsschnitt

Abb. D 1.2: Schematische Darstellung eines Rollreaktors

Ein mit vermischenden Einbauten ausgestatteter Zylinder wird auf einem horizontal gelagerten Antriebssystem langsam gedreht. Der im Reaktor befindliche Boden wird dadurch ständig vermischt und so der Stoffübergang realisiert. Voraussetzung dazu ist, daß der Boden fließfähig ist. Dies setzt bei schluffig-tonigen Böden eine enorme Zugabe von Wasser voraus, so daß eine Bodenfeuchte von meist über 50 % erforderlich ist. Damit kann die zu bestimmende Zellzahl auf den Wasseranteil bezogen in KBE/ml oder auf den getrockneten Boden bezogen in KBE/g Boden angegeben werden. Bei letzterer Angabe ist das Boden-Wasser-Gemisch bei 105 °C bis zur Gewichtskonstanz zu trocknen und die aus dem Schlamm bestimmte Zellzahl auf das Trockengewicht umzurechnen.

Versuchsdurchführung. Der Standkolben wird bei ca. 20 °C im Dunklen gelagert. Bei einer Versuchszeit von 28 Tagen sollte nach der Startanalyse jede Woche eine Probe aufgearbeitet werden. Die Frequenz kann höher, sollte aber keinesfalls niedriger liegen. Zur Probennahme ist ein sauberer, langstieliger Löffel zu verwenden.

Als hier angesprochener Parameter werden nur die Zellzahlen erfaßt. Die Gesamtkeimzahl auf R2A- oder PC-Agar, Hefen und Pilze auf saurem Malz-Agar, MKW-Abbauer auf Diesel-Agar, Phenolabbauer auf Phenol-Agar u.s.w. werden durch Ausspatelung erfaßt und sollten auf halblogarithmischem Papier oder auf dem Rechner grafisch dargestellt sein.

Dem im Rollreaktor zu behandelnden Boden sind Nährsalze zuzuführen. Dazu kann Nährsalzlösung als Behandlungswasser verwendet werden.

Probennahme und Probenaufarbeitung entsprechen der oben beschriebenen. Da mit einer verbesserten Aktivität zu rechnen ist, können die Probennahmefrequenz erhöht und die Intervalle auf 3 oder gar 2 Tage verkürzt werden. Auch hier ist die Zellzahlentwicklung durch grafische Darstellung zu verfolgen.

Aussagen der Versuchsanordnungen. Zellen vermehren sich in Abhängigkeit äußerer Faktoren wie Temperatur, pH-Wert sowie Nährstoffversorgung. Es scheinen aber auch populationsdynamische Faktoren zu existieren. Durch differenzierte Erfassung der Keimzahlen sind solche schlecht vorhersagbaren Prozesse aufzuzeigen. Zudem ergeben sich Zusammenhänge zwischen Schadstoffkonzentration und Anzahl der schadstoffabbauenden Organismen, so daß bei einem drastischen Rückgang einer schadstoffdegradierende Mikroorganismengruppe entweder von einem weitgehenden Abbau (geringe Schadstoffrest-Konzentration) oder einer Hemmwirkung (hohe Schadstoffrest-Konzentration) ausgegangen werden kann.

Erweiterung des Versuches. Wie schon oben beschrieben, lassen sich alle abbauspezifischen Parameter messen. Es ist allerdings dann zu berücksichtigen, daß entsprechende Probenmengen verfügbar sein müssen. Bei Standkolbenversuchen lassen sich Versuchssysteme größerer Volumina leicht realisieren, beim Rollreaktorsystem ist dagegen schnell eine Grenze gesetzt.

1.4 Bestimmung der Bodenatmung

Die Bestimmung der Zellzahl im Boden kann nur Hinweise zur biologischen Aktivität im Boden geben. Aus der klassischen Bodenmikrobiologie stammt ein methodischer Ansatz, der die Atmungsaktivität der Organismen im Boden erfaßt und mit "Bodenatmung" charakterisiert wird. Hierbei werden alle sauerstoffverbrauchenden oder kohlendioxidproduzierenden Reaktionen im Boden quantitativ bestimmt. Zu unterscheiden sind aktuelle und potentielle Atmungsaktivität. Während die aktuelle Atmungsaktivität nur die zum Zeitpunkt der Messung im Boden vorhandene Situation kennzeichnet, wird bei der potentiellen Atmung Zucker (1000 mg Glukose zu 100 g Boden) als gut mikrobiell verwertbare C-Quelle zum Bodensystem hinzugefügt und die in dieser Konstellation sich entwickelnde Atmungsaktivität quantifiziert.

Eine vom DECHEMA (Deutsche Gesellschaft für chemisches Apparatewesen, Chemische Technik und Biotechnologie e.V.)-Arbeitskreis Umweltbiotechnologie - Boden empfohlene, recht einfache Methode soll hier mit geringfügigen Modifikationen vorgestellt werden.

Materialbeschaffung. Es kann für diesen Versuch jede beliebige Bodenprobe eingesetzt werden, die sich durch einen deutlichen Gehalt an biologisch abbaubaren Substanzen auszeichnet. Da die Bestimmung der Atmungsaktivität nicht direkt auf den Schadstoffabbau beschränkt ist, kann hier beispielsweise frische Gartenerde eingesetzt werden. Im Rahmen des umweltbiologischen Praktikums sollte aber eine schadstoffbelastete, gut bewachsene Bodenprobe zum Einsatz kommen. Auch bereits biologisch behandeltes Material ist für die nachfolgende Untersuchung geeignet, besonders dann, wenn der Unterschied zwischen aktueller und potentieller Atmung bei Einsatz eines Schadstoffes als Zusatz demonstriert werden soll.

Einstellung eines definierten Wassergehaltes im Boden. Für den Versuch wird Boden mit einem definierten Wassergehalt benötigt, da dieser sich auf die Aktivität der Bodenmikroorganismen auswirkt. Dazu wird die Bodenprobe auf 50 % der maximalen Wasserhaltekapazität eingestellt und für 48 Stunden bei 22 °C in einem luftdurchlässigen Glasgefäß gelagert. Oberflächliches Austrocknen des Bodens muß jedoch vermieden werden.

Zur Bestimmung der maximalen Wasserhaltekapazität sind 200 g naturfeuchter Boden in ein gewogenes zylindrisches Gefäß mit einem feinmaschigen Gitternetz zu geben und durch leichtes Aufschlagen zu verdichten. Nach erneuter Verwiegung des Gefäßes kommt dieses in eine Wanne mit destilliertem Wasser, wobei die Höhe des Wasserspiegels der der Bodenoberfläche entsprechen sollte. Ist der Boden bis zur Oberfläche befeuchtet, wird der Zylinder abgedeckt und auf ein vorbereitetes Sandbad mit 10 cm Schütthöhe gestellt. Nach ca. 2 Stunden ist das Gefäß erneut zu wiegen und die Wägung alle 30 Minuten zu wiederholen. Werden in zwei nachfolgenden Wägungen gleiche oder sehr ähnliche Werte ermittelt, ist aus dem gewonnenen Material der Wert für die Wasseraufnahme des naturfeuchten Bodens zu bestimmen.

Durch Wägung des naturfeuchten und gewässerten Bodens und nachfolgender Wägung des getrockneten Materials (105 °C) können die Daten zur Berechnung der maximalen Wasserhaltekapazität gewonnen werden. Diese berechnet sich

$$WHK_{max} = \frac{(a + b)}{c} \cdot 100 = \text{Wasseraufnahme/100 g Trockengewicht}$$

mit

a   Wasseraufnahme pro 100 g naturfeuchtem Boden
b   Wassergehalt in 100 g naturfeuchtem Boden
c   Trockengewicht von 100 g naturfeuchtem Boden

Zur Einstellung des Wassergehaltes eines Bodens mit einer Größenordnung von 50 (+ 10 %) ist nach Ermittlung von WHK_{max} und aktuellem Wassergehalt bei zu trockenen Böden die fehlende Menge Wasser zuzuführen. Ist der Wassergehalt zu groß, wird durch Lufttrocknung der Wassergehalt gesenkt. Zur Vermeidung des oberflächlichen Austrocknens wird der Boden periodisch vermischt.

Um die Daten halbwegs abzusichern, sollten mehrere Ansätze parallel bestimmt werden.

Aufbau und Betrieb des Versuchsstandes. Ein einfacher Versuchsaufbau läßt sich für die Isermeyer-Methode realisieren. In einem 1 l-Weckglas (1), dessen Deckel (2) mit einem Gummiring (3) und Klammern (4) zu verschließen ist, wird mittig ein Becherglas (5) mit 50 g Boden (6) (ca. 50 % WHK_{max}), dem 75 mg NH_4Cl und 10 mg K_2HPO_4 zugemischt wurden, gestellt.

25 ml einer 0,05 N NaOH-Lösung (7) werden in das Weckglas pipettiert und dieses anschließend luftdicht verschlossen.

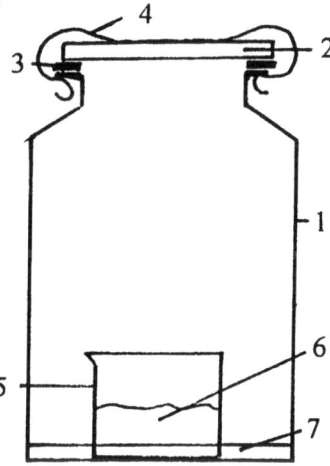

Abb. D 1.3: Versuchsaufbau zur einfachen Bestimmung der Bodenatmung (s. Text)

Versuchsdurchführung. Die wie oben beschrieben vorbereiteten Versuchsansätze sowie Blindproben ohne Bodenprobe bleiben bis zu 3 Tage bei 25 °C im Brutschrank stehen. Danach werden die Bechergläser entnommen und mit CO_2-freiem Wasser (unter N_2-Atmosphäre abgekochtes deionisiertes Wasser) die anhaftende Natronlauge derart entfernt, daß das Waschwasser in das Weckglas fließt. Dem Weckglas werden 5 ml einer 0,5 M Bariumchlorid-Lösung und einige Tropfen Indikator (0,1 g Phenolphthalein in 100 ml Ethanol) zugeführt. Anschließend wird mit 0,05 N Salzsäure unter ständigem Umrühren bis zum Farbumschlag von rot nach farblos titriert.

Die Atmungsintensität wird berechnet nach

$$\text{mg } CO_2/BM/t = \frac{V_0 - V \cdot 1,1}{S}$$

mit

BM	eingesetzte Bodenmenge (g Trockengewicht)
t	Inkubationszeit (Stunden)
V_0	HCl-Verbrauch der Blindproben (Mittelwert in ml)
V	HCl-Verbrauch der Bodenansätze (Mittelwert in ml)
TS	Trockensubstanz von 1 g Boden
1,1	Umrechnungsfaktor (1 ml 0,05 N NaOH entsprechen 1,1 mg CO_2)

Aussagen der Versuchsanordnung. Die mit dieser einfachen Methode erfaßten Werte weisen recht hohe Streuungen auf, so daß in der Regel eine Mehrfachbestimmung erforderlich ist. Die ermittelten Daten erlauben Aussagen darüber, ob eine aktive Biomasse im Boden vorhanden ist, ob im Boden noch gut biologisch verwertbare organische Substanzen vorhanden sind, und ob toxische Einflüsse von Schadstoffen ausgehen (bei zusätzlich ermittelter Zellzahl und organischem Material).

Erweiterung oder Änderung des Versuches. Die Bestimmung der Atmungsrate kann auch zur Ermittlung der Bodenvergiftung durch Schadstoffe dienen, indem man einem mit gut verwertbarer C-Quelle versetzten Boden zusätzlich Schadstoffe in unterschiedlichen Konzentrationen zuführt. Bei zunehmender Atmungsrate kann von einer Aktivierung, bei abnehmender Atmungsrate von einer Hemmung ausgegangen werden.

Ist ein Respirometer (Sapromat) verfügbar, sollte dieser zur Bestimmung der Atmungsrate eingesetzt werden. Die hierin mögliche Messung des O_2-Verbrauches ist wesentlich genauer als die o. a. Bestimmung der CO_2-Produktion.

2 Biologische Abfallbehandlung

2.1 Einführung

Die Technische Anleitung Siedlungsabfall (TASI) schreibt vor, daß auf Deponien nur noch Abfall abgelagert werden darf, dessen Anteil an organischem Material geringer als 5 % ist. Dies kann nur dann erreicht werden, wenn Hausmüll vor dem Deponieren verbrannt oder kein organisches Material in den Hausmüll eingebracht wird. Letzteres läßt sich nur durch das konsequente Getrenntsammeln von Hausmüll realisieren, wobei der biogene Anteil in eine Biotonne zu geben ist. Der nicht biogene bzw. nicht biologisch abbaubare Anteil ist in dafür speziell vorgesehene Leichtstoff- oder Kunststofftonnen zu sammeln. Teilweise wird dieses Getrenntsammeln bereits durchgeführt und damit entsteht die Notwendigkeit, diese Abfälle zu entsorgen. Biologische Verfahren sind geeignet, den in der Biotonne zu sammelnden Abfall so aufzubereiten, daß ein weiterverwendbares Produkt entsteht. Die aerobe Kompostierung und die anaerobe Biogasgewinnung sind solche Verfahren, die zunehmend an Bedeutung gewinnen. Bei beiden Verfahren wird durch biologische Mechanismen die organische Substanz in ihrer Zusanmmensetzung und Struktur wesentlich verändert. Zur Erzeugung der dazu notwendigen Energie wird ein erheblicher Anteil in CO_2, H_2O und bei anaerobben Prozessen in CH_4 umgewandelt, also mineralisiert, und Biomasse produziert. Gleichzeitig entsehen neue polymere Strukturen, die als Kompost oder Faulschlamm bezeichnet werden und gute Düngeeigenschaften aufweisen. Sie können somit in einen Stoffkreislauf eingebracht werden, da die Düngestoffe das Wachstum neuer biogener Stoffe fördern, die ihrerseit wieder zu Düngestoffen werden. Kompostwerke und Biogasanlagen sind daher oft Bestandteil der Abfallentsorgung und werden häufig auf Deponien betrieben.
Nicht biogene organische Stoffe stellen uns derzeit vor große Entsorgungsprobleme. Die stoffliche Wiederverwertung ist nicht in allen Fällen möglich, und die dazu erforderlichen Separierungsprozesse technisch und wirtschaftlich sehr aufwendig. Die energetische Nutzung durch Verbrennung ist umstritten, da Chlor enthaltende Stoffe zur Bildung der hochgiftigen Dioxine und Furane führen. Trotz modernster Filtertechniken und Prozeßführung mit geringer Giftstoffbildung ist die Akzeptanz solcher Verbrennungsanlagen sehr gering. Somit kommt der Herstellung langlebiger und trotzdem biologisch abbaubarer Werkstoffe eine große Bedeutung zu.

2.2 Kompostierung organischer Abfälle

Eine einfache und weitverbreitete Abfallbehandlungsmethode für organische Reststoffe ist die Kompostierung. Sie wird im Kleinmaßstab als Komposthaufen im Garten und im technischen Maßstab in Kompostierwerken realisiert. Da die Kompostierung ein aerober Prozeß ist, kommt dem Eintrag von Sauerstoff eine besondere Bedeutung zu. Während in Kompostwerken Mischgeräte und Kompostwender Einsatz finden, ist der statische Komposthaufen nur durch Zugabe geeigneter Grobstoffe mit so viel Porenvolumen auszustatten, daß passiv genug Sauerstoff eindringen kann. In den nachfolgenden Versuchen ist demnach das zu kompostierende Material ausreichend mit grob strukturierten Pflanzenabfällen zu vermischen, so daß auch bei Druckauflage ein lockeres Haufwerk erhalten bleibt. Kommt es während der Kompostierung zur Sauerstoffunterversorgung und damit zu partiell anaeroben Bereichen, werden geruchsintensive Verbindungen wie Merkaptane oder Schwefelwasserstoff gebildet. Die Geruchsbelästigung durch nicht richtig betriebene Kompostwerke haben diese Art der Abfallbehandlung vereinzelt regional in Miskredit gebracht.

Der Ablauf einer Kompostierung kann in zwei Phasen gegliedert werden. In der ersten Phase, der Intensivrotte, werden alle leicht abbaubaren organischen Stoffe unter starker Wärmebildung umgesetzt. Es lassen sich bei geeigneter Belüftung Temperaturen von 60 bis 70 °C erreichen. Dabei werden alle vegetativen, nicht thermophilen (wärmeliebenden) Mikroorganismen abgetötet. Darunter fallen auch alle menschenpathogegenen Keime, so daß hier eine Hygienisierung des Frischkompostes erreicht wird. Die zweite Phase wird als Nachrotte bezeichnet, wobei biologisch schwer abbaubare Verbindungen nur sehr langsam und oft nur teilweise abgebaut werden. In einem meist mehrere Wochen oder gar Monate dauernden Prozeß reift der Kompost und kann anschließend z. B. als Gartenbodenzusatz Verwendung finden.

Als Praktikumsversuch sollte nur die Intensivrotte erfaßt werden, da in dieser Phase deutlich meßbare Phänomene in einer vertretbaren Zeiteinheit (ca. 10 - 12 Tage) zu messen sind.

Ziel des Versuches ist, die Temperaturentwicklung, die Freisetzung von Wasser und die Reduzierung des organischem Materials zu erfassen und die Zusammenhänge zwischen den Parametern zu diskutieren.

Beschaffung des Kompostiermaterials. Prinzipiell sind alle organischen Abfallstoffe zum aeroben Abbau geeignet. Da der Ablauf der Kompostierung jedoch von der biologischen Abbaubarkeit und der Struktur abhängig ist, sollte zur Versuchsdurchführung genügend schnell verwertbares Material verwendet werden. Hier hat sich Grasabschnitt, vermischt mit Astabschnitt oder Mulch besonders gut bewährt. Die zur Kompostierung benötigten Organismen befinden ist in ausreichender Zahl am Material selbst.

Versuchsaufbau. Kernstück des Versuchsstandes ist das Kompostiergefäß. Es sollte nicht zu klein sein, da sonst eine geeignete Isolierung und damit Aufheizung nicht zu gewährleisten ist. 200-l-Plastikfässer, umwickelt mit einer dicken Lage aus Steinwolle oder ähnlich gut isolierendem Material weisen die erforderlichen Eigenschaften auf.

Das Faß (1) wird möglichst weit unten mit einer Ablaßöffnung (2) versehen, so daß Sickerwasser entweichen und Luft einströmen kann. Die Faßsohle wird mit Schotter oder Kies als Dränschicht (3) gefüllt. Sollen Versuche mit Begasung durch Preßluft durchgeführt werden, ist die Dränschicht mit einem Begasungsrohr (gelochter Druckschlauch) (4) und der Versuchsstand mit einem Kompressor (5) auszustatten. Der gesamte Versuchsaufbau sollte in einer Wanne mit Ablaß (6) stehen. Wird der Gewichtsverlußt als Parameter berücksichtigt, so ist der Versuchsaufbau auf einer Waage (7) mit einem Wägebereich bis 200 kg (Kartoffelwaage) aufzustellen. Zur Erfassung der Temperatur ist ein bis in die Mitte des Fasses reichender Temperaturfühler (PT100) (8) und eine Temperaturanzeige und Datenspeicherung (9) erforderlich.

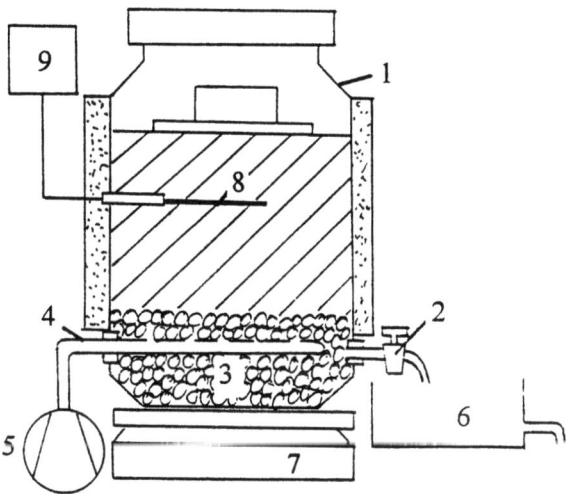

Abb. D 2.1: Versuchsstand zur Kompostierung organischer Abfälle (s. Text)

Versuchsdurchführung. Das frische und gut feuchte, aber nicht nasse Kompostiermaterial wird in dem Gefäß in Schichten aufgestapelt, wobei die Graslagen ca. 10 cm, die Grobstofflage eine gut erkennbare Schicht aufweisen sollte. Zur geringen Komprimierung wird auf das Material eine Abdeckung aufgelegt und mit einem Gewicht beaufschlagt (Ziegelstein o.ä.). Das Faß ist mit einem Deckel abzudecken. Der Temperaturfühler wird eingeführt und der Versuch gestartet, in dem die Gesamtschichthöhe und das Ausgangsgewicht erfaßt werden.

Alle 2 - 4 Stunden ist die Temperatur zu bestimmen und zu dokumentieren. Der Geruch ist ein wichtiger Anzeiger, ob ausreichend Sauerstoff vorhanden ist. Stellen sich faulig riechende Gase ein, muß dem System durch Preßlufteintrag für einige Minuten geeignete Sauerstoffmengen zugeführt werden. Fällt die

Temperatur deutlich in Bereiche der Umgebungstemperatur (nach ca. 10 Tagen), ist der Versuch beendet.
Es werden folgende Enddaten ermittelt:

    Gesamtschichthöhe
    Gewicht
    Sickerwassermenge

Aussagen der Versuchsanordnung. Neben der Ermittlung der recht beeindruckenden biogenen Erhitzung lassen sich die Qualität der Kompostierbarkeit aus der Geschwindigkeit des Temperaturanstieges sowie der Gewichts- und Volumenreduzierung ableiten. Die Geruchsbildung ist zudem ein wichtiges Kriterium zur Akzeptanz des Verfahrens und des Produktes.

Erweiterung oder Abänderung des Versuches. Zu empfehlen ist, den Versuch mit unterschiedlichen Materialien durchzuführen, um die Unterschiede der Kompostierbarkeit von den stofflichen und strukturellen Eigenschaften qualitativ und quantitativ zu erfassen.

2.3 Feststellung der mikrobiellen Materialzerstörung

Die Prüfung eines Materials auf biologische Abbaubarkeit kann zwei Zielsetzungen verfolgen. Zum einen soll die Haltbarkeit gegenüber mikrobiellen Angriffen erfaßt, zum anderen die Rückführung des Stoffes in den natürlichen Stoffkreislauf überprüft werden. Im ersten Fall ist also kein, im zweiten Fall dagegen ein weitgehender bis vollständiger Abbau gewünscht. Da bei nur sehr langsam abbaubaren Stoffen oder Gegenständen der Abbau nicht über den Nachweis der Biomassebildung (vgl. C 2), der Atmungsaktivität (vgl. D 1.4) oder der chemischen Stoffanalyse erfolgen kann, wird hier auf die sehr einfach zu bestimmende Gewichtsabnahme eines Gegenstandes nach mikrobieller Einwirkung zurückgegriffen.

Aufbau des Versuchsstandes. In einer flachen Wanne (1) wird erdfeuchter, gut belebter Boden (2) gleichmäßig in einer Schicht von ca. 20 - 30 cm Dicke verteilt. Das zu prüfende Gut sollte als flache Scheibe mit definierter Stärke und Geometrie (rund mit definiertem Radius, quadratisch mit definierter Kantenlänge) in die Mitte der Bodenschichtung eingelagert werden. Zuvor ist es unter schonenden Bedingungen (40 - 50 °C) bis zur Gewichtskonstanz zu trocknen und auszuwiegen.

Durchführung des Versuches. Je nach zu prüfendem Material und Zielstellung des Versuches sind die Parameter der Prüfung festzulegen. Als Standardparameter kann von einer Temperatur von 20 °C oder Raumtemperatur und erdfeuchtem Boden aus Gartenbau oder Landwirtschaft ausgegangen werden. Die Versuchszeit ist mit mehreren Wochen (Naturprodukte) oder gar Monaten

(Erdölprodukte) zu veranschlagen. Es ist besonders daruf zu achten, daß der Boden feucht bleibt.

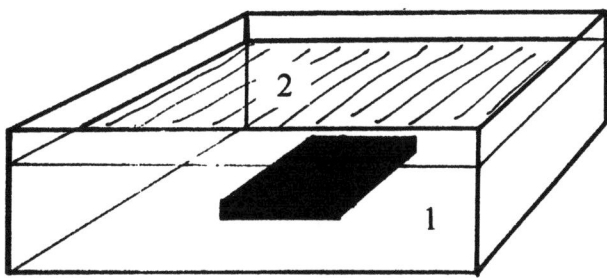

Abb. D 2.2: Versuchsstand zur Prüfung der biologischen Abbaubarkeit von Feststoffkörpern (s. Text)

Nach Ablauf der Versuchzeit ist das zu prüfende Gut vorsichtig aus der Wanne zu entnehmen und von allen Bodenpartikeln sorgfältig zu befreien. Je nach Material kann dies durch vorsichtiges Abspülen mit Wasser oder durch aufwendiges Absuchen mit der Pinzette geschehen. Das gereinigte Gut wird wie bei Versuchsbeginn getrocknet und ausgewogen. Die Gewichtsdifferenz kann als absolutes, der prozentuale Gewichtsverlust als relatives Maß der biologischen Materialzerstörung angegeben werden.

Aussagen der Versuchsanordnung. Die wissenschaftliche Aussagefähigkeit dieses Versuches ist recht gering. Hinweise zur Abbaubarkeit im Sinne einer Rückführung in den natürlichen Stoffkreislauf oder zur Ermittlung notwendiger Maßnahmen zur Verbesserung des Haltbarkeit eines Materials oder Produktes lassen sich aber mit dieser sehr einfachen Versuchsanordnung erarbeiten.
Aussagen zur qualitativen Veränderung des Materials, soweit es nicht makroskopische oder mit geringer Vergrößerung sichtbare Spuren sind, lassen sich nicht ableiten.

Veränderung oder Erweiterung des Versuches. Da lange Zeiten zu berücksichtigen sind, aber nur wenig Betreuungsaufwand anliegt, sollten mehrere verschiedene Materialien oder Materialien mit nur geringfügigen Unterschieden in der chemischen oder physikalischen Struktur gleichzeitig auf mikrobielle Abbaubarkeit hin untersucht werden. Dann lassen quantitative Unterschiede möglicherweise Aussagen zur Qualitätsstruktur zu.
Für Materialien, die leicht zu reinigen sind und eine ausreichende Festigkeit aufweisen, lassen sich auch kinetische Untersuchungen zur biologischen Abbaubarkeit realisieren. Dazu wird das Testmaterial mehrmals der Reinigungs- und Wägeprozedur unterzogen und jeweils danach wieder in den Boden eingelagert.

Ist der Boden nicht ausreichend mit Nährstoffen versorgt, die die Mikroorganismen zum Stoffwechsel anregen, so kann frischer Kompost (ca. 10 Gew.%) oder Glukose (10 g / kg) zugegeben werden.

3 Anaerobe Techniken im Umweltschutz

3.1 Einführung

Anaerobe Techniken zur biologischen Behandlung von Abwässern, Schlämmen und Abfällen weisen bei aller Problematik große Vorteile gegenüber aeroben Verfahren auf. Die Nachteile und damit die Probleme beim technischen Umgang entstehen im wesentlichen dadurch, daß die anaeroben Stoffwechselprozesse nur sehr langsam ablaufen, die sie durchführenden Mikroorganismen gegenüber Umwelteinflüssen oft recht empfindlich reagieren und das Spektrum des anaeroben Stoffwechsels eingeschränkt ist. Vorteilhaft ist die Bildung eines energiereichen Gases und eine nur geringe Biomasseproduktion. Da Biogas gut zu speichern ist, stellt es eine sehr gute Ergänzung zur nur ungenügend speicherbaren Sonnen- und Windenergie im Konzept der regenerierbaren Energieversorgung dar.

In der Abwasserbehandlung ist die geringe Biomassebildung zunächst ein Problem., da die Geschwindigkeit des Abbauprozesses von der Anzahl der Biokatalysatoren (Zellen) direkt abhängt. Da diese sich nur sehr langsam vermehren, ist beim Betrieb technischer Anlagen mit einer mehrere Monate dauernden Einfahrphase zu rechnen. Zudem bedarf es einer oft aufwendigen Biomasserückhaltung im Anaerobreaktor. Ist der Einfahrbetrieb jedoch abgeschlossen, erweist sich die geringe Biomassebildung als wesentlicher Vorteil, da bedeutend weniger Klärschlamm zu behandeln und entsorgen ist.

Die das energiereiche CH_4 produzierenden methanogenen Mikroorganismen reagieren sehr empfindlich auf pH-Wert-Schwankungen. Bereits leichte Versäuerung des Mediums führt zu einer Vernichtung dieser Mikroorganismengruppe und erfordert die bereits dargestellte mehrmonatige Anfahrphase zum Neuaufbau einer intakten Anaerobbiologie. Da die zur Methanbildung erforderliche C-Quelle aber ausschließlich niedermolekulare Säuren sind, ist die Problematik der Betriebsführung einer anaeroben biologischen Abwasser- oder Abfallbehandlung leicht zu erfassen. Technisch läßt sich das Problem durch räumliche Trennung beider Prozesse in einen Versäuerungsreaktor und einen Methanisierungsreaktor lösen. Dies erfordert jedoch nicht unerheblichen Aufwand, so daß derzeit sowohl einstufige als auch zweistufige Anaerobprozesse realisiert sind und werden.

3.2 Anaerobe Abfallbehandlung

Feststoffe lassen sich oft nur unzureichend durch anaerobe Prozesse zersetzen. Da jedoch oft ein nicht unerheblicher Anteil organischer Abfälle zur Biogaserzeugung geeignet ist, sollte dieser bei sinnvoller Nutzung des dabei entstehenden Methans bzw. energiereichen Biogases einer Anaerobbehandlung unterzogen werden, und der dann noch verbleibende organische Rest einer Kompostierung (vgl. D 2.2) zugeführt werden. Es ist daher zur Planung eines Abfallbehandlungskonzeptes von großer Bedeutung, in welchen Mengen und in welcher Qualität Biogas aus bestimmten Stoffströmen mit organischem Inhalt zu gewinnen ist. In einer recht einfachen Anordnung ist dieses im Labormaßstab zu prüfen. Gleichzeitig läßt sich durch Ermittlung der Zusammensetzung des Feststoffes bezüglich der organischen Trockensubstanz (OTS) die qualitative Veränderung des Abfalls charakterisieren.

Beschaffung von Material und Biomasse. Als zu vergärender Abfall eignen sich Feststoffe pflanzlichen, tierischen und mikrobiellen Urprungs. Sie können bereits durch Zerkleinerungs-, Koch- oder Aufarbeitungsprozesse in ihrer chemischen und physikalischen Struktur verändert sein. Werden unzerkleinerte Naturstoffe eingesetzt, sind diese mechanisch zu zerkleinern, damit eine geeignet große Oberfläche zum mikrobiellen Angriff entstehen kann. Kohlenhydrat- und fettreiche Stoffe lassen sich besonders gut anaerob abbauen.

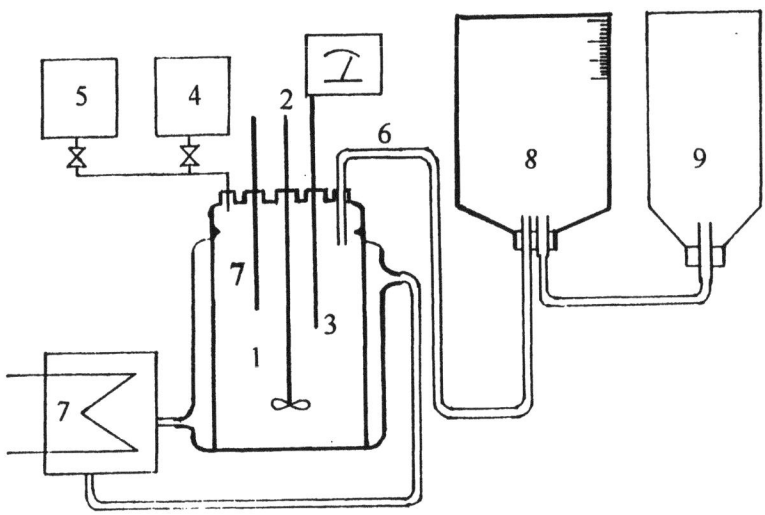

Abb. D 5.6 : Versuchsstand zur anaeroben Behandlung von Abwässern und Feststoffsuspensionen (s. Text)

In aller Regel stellt sich eine anaerobe Biologie von selbst in einer nachfolgend beschriebenen Versuchseinrichtung ein. Dies kann aber mehrere Tage dauern. Soll der Versuch möglichst rasch durchgeführt werden, so ist aus einer anaerob betriebenen Abwasser- oder Abfallbehandlungsanlage aus der Anaerobstufe Schlamm abzuziehen und dem Bioreaktor als Inokulum (maximal 10 Vol%) zuzugeben.

Aufbau des Versuchsstandes. Zentrale Baugruppe dieses Versuches ist der Anaerobreaktor (1). Er sollte aus Glas oder Kunststoff gefertigt sein, da aggressive Gase gebildet werden, die bei Metallgefäßen zu beachtlichen Korrosionen führen. Ein Rühraggregat (2) ist wünschenswert, aber nicht zwingend erforderlich. Der Reaktor muß den Einbau einer pH-Sonde (3) und das Zuführen von Lauge (4) und Phosphat (5) sowie des Abführen des Biogases (6) erlauben. Zudem ist eine Thermostatisierung (7) erforderlich. Das Gas wird in einem Sammelgefäß (8) mit Gradation, das mit einem Ausgleichsgefäß (9) verbunden ist, aufgefangen.

Versuchsdurchführung. Vom Prüfmaterial wir vor Versuchsbeginn der OTS-Gehalt bestimmt. Dazu wird das feuchte Material in mindestens drei trockenen und ausgewogenen Tiegeln verteilt, erneut gewogen und bei 105 °C bis zur Gewichtskonstanz getrocknet und wiederum gewogen. Aus den gewonnenen Daten läßt sich nach der Gleichung

$$TS = \frac{(c-a)}{(b-a)} \cdot 100 \ (\%)$$

mit
- a Gewicht des leeren Tiegels
- b Gewicht des Tiegels mit feuchtem Substrat
- c Gewicht des Tiegels mit trockenem Substrat

die Trockensubstanz TS bestimmen.

Der Tiegel mit dem trockenen Substrat wird nun bei 600 °C für ca. 4 Stunden verascht und erneut gewogen; der dabei verbleibende Rohascheanteil RA berechnet sich nach

$$RA = \frac{(d-a)}{(b-a)} \cdot 100 \ (\%)$$

mit d Gewicht des Tiegels mit Rohasche.

Der organische Trockensubstanzgehalt ist definiert als die Differenz von Trockensubstanz und Rohasche, also

$$OTS = TS - RA \quad (\%)$$

Aus den ermittelten Daten ist ein Mittelwert zu berechnen.

Das gut zerkleinerte Untersuchungsmaterial wird mit so viel Wasser versetzt, daß es gut rührbar ist. Ein gemessenes Volumen wird in den Bioreaktor gefüllt, bei Bedarf auf pH 7 eingestellt und bei 30 °C stehengelassen oder langsam gerührt. Das pH-Regelsystem sollte eine Stabilität des pH-Wertes von ± 0,2 pH-Einheiten sicherstellen.
Das sich bildende Biogas wird im Sammelbehälter aufgefangen und die produzierte Gasmenge täglich gemessen. Kommt der Abbauprozeß zum erliegen, d. h. es ist keine Biogasproduktion mehr zu messen, ist bei nicht gerührten Systemen zunächst der Versuch einer mechanischen Vermischung ohne Sauerstoffeintrag (vorsichtiges Schütteln des Reaktionsgefäßes, Begasen mit Inertgas) durchzuführen und abzuwarten, ob eine erneute Biogasproduktion einsetzt. Wird kein Gas mehr produziert, ist der Versuch abzubrechen und erneut aus dem vergorenen Material die OTS zu bestimmen.
Aus dem Volumen des eingesetzten Materials, der gebildeten Gasmenge und dem organischen Trockensubstanzgehalt läßt sich die spezifische Gasproduktion g_{sp} bestimmen. Dieser Wert gibt vergleichend die Gasbildung und damit die Vergärbarkeit eine Feststoffsubstrates wieder und berechnet sich nach

$$g_{sp} = \frac{G}{V + OTS} \quad (ml / g\ OTS)$$

mit
G   gebildete Gasmenge   (ml)
V   eingesetztes Substratvolumen   (l)
OTS   org. Trockensubstanzgehalt   (g / l)

Aussagen der Versuchsanordnung. Zunächst ist mit einfachen Mitteln die Biogasbildung aus Feststoffabfällen leicht zu ermitteln. Damit wird es möglich, die Effektivität einer anaeroben Verwertung grob abzuschätzen. Mittels der OTS-Bestimmung kann die Strukturveränderung der Vergärungsmasse ermittelt und die Notwendigkeit einer aeroben Weiterbehandlung abgeleitet werden. Weiterhin gibt die spezifische Gasproduktion ein objektives vergleichbares Maßsystem für unterschiedliche Ausgangsstoffe an. Mit allen hier beschriebenen Parametern läßt sich die Vergärbarkeit von Stoffen und Stoffgemischen recht genau beschreiben.

Erweiterung oder Ergänzung des Versuches. Wie oben beschrieben, kann der Prozeß auch zweistufig betrieben werden. Dazu ist ein Versuchsstand erforderlich, der in einem kleinen Versäuerungsreaktor den Aufschluß und die Säureproduktion unter den dazu optimalen Bedingungen erlaubt, und einen relativ großen Methanisierungsreaktor mit pH-Wert-Regelung. Problematisch ist bei Laborsystemen der Feststofftransport. Bei ausreichender Versäuerung genügt es aber, das flüssige Medium in den Methanisierungsreaktor zu fördern, da darin die zur Methanbildung benötigten niedermolekularen Säuren gelöst vorliegen. Mit einem solchen System läßt sich auch eine semikontinuierliche anaerobe Abfallbehandlung simulieren.

Die Menge des gebildeten Gases sagt noch nicht viel über den darin gespeicherten Energieinhalt aus. Es ist also erforderlich, den Methangehalt oder den Brennwert zu erfassen.

Bei anaeroben Prozessen entstehen reduzierte Schwefelverbindungen, die sich durch unangenehmen Geruch und/oder durch Toxizität ausweisen. Eine Bestimmung des Gesamtschwefelgehaltes und der chemischen Struktur der einzelnen Schwefelverbindungen ist ebenfalls eine gute Ergänzung bei gleichbleibenden Versuchsanordnung.

3.3 Anaerobe Abwasserreinigung

Anaerobe Abwasserreinigung ist immer dann angesagt, wenn die Inhaltsstoffe unter Sauerstoffausschluß hinreichend weit abgebaut werden können und in hohen Konzentrationen vorliegen. Solche Wässer fallen bevorzugt in der Lebensmittelindustrie (Kartoffelverarbeitung, Brauerei) an. Zur Prüfung, ob und mit welchem Erfolg hoch belastete Abwässer anaerob zu behandeln sind, hat die Fa. Schott, Mainz, eine Anaerobtesteinheit entwickelt, die hier als optimiertes Laborsystem vorgestellt werden soll.

Aufbau des Versuchsstandes. Das mit A 1 Bioreaktor bezeichnete Reaktionsgefäß (1) ist als temperierbare Säule aus Glas gefertigt und mit Trägermaterial (2) aus Siranglas gefüllt. Dies können poröse Kugeln oder Raschigringe aus Borosilikatglas sein, deren Aufgabe es ist, die Mikroorganismen durch Adsorption im Bioreaktor zurückzuhalten und so anzureichern. Zur Aufrechterhaltung einer geeigneten Strömungsgeschwindigkeit mit dem Ziel, eine Verstopfung der Säule zu verhindern, wird mittels einer Pumpe (3) das Wasser im Umlauf geführt. Das unbehandelte Abwasser gelangt aus einer Abwasservorlage (4) und einer Zuführpumpe (5) in den Bioreaktor. Am Kopf der Säule ist ein Auslaufstutzen (6) angebracht, durch den das behandelte Wasser den Reaktor verläßt. Das gebildete Biogas wird nach oben abgeführt und kann in einem Sammelgefäß aufgefangen werden. Zur Stabilisierung des Prozesses kann eine pH-Wert-Meß-Steuer- und Regeleinheit von Nutzen sein.

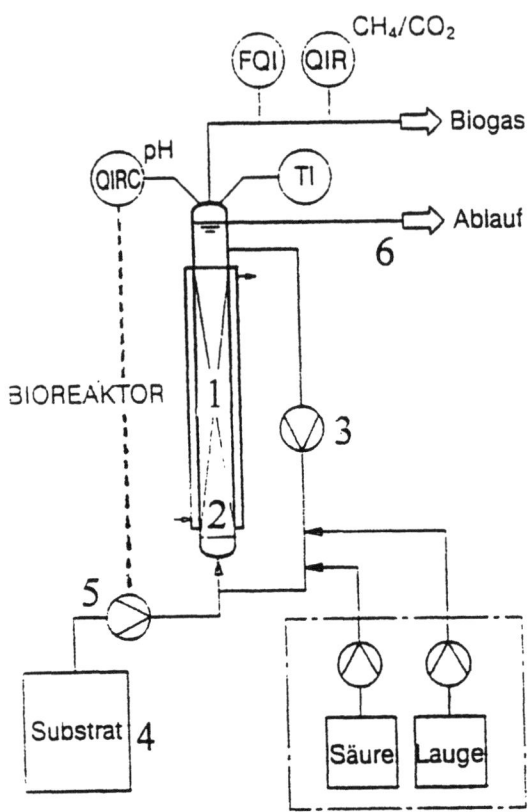

Abb. D 5.7: Versuchsstand zur anaeroben Abwasserreinigung (Schott, Mainz)

Beschaffung von Abwasser und Biomasse. Abwasser kann aus Betrieben oder aus der Lebensmittelindustrie beschafft werden. Sollen mit diesem System kontinuierliche Versuche durchgeführt werden, so ist ein Modellabwasser für den Laborbetrieb oder ein Bypass-Betrieb der Anlage beim Abwassererzeuger anzuraten. Das Abwasser hat einen CSB-Wert > 3000 mg O_2 / l aufzuweisen.
Soll der Versuch beschleunigt werden, ist wie in D 3.2 schon erwähnt, ein Inokulum aus einer laufenden Anaerobanlage zuzuführen.

Versuchsdurchführung. Feststofffreies (filtriertes) Abwasser wird in den Bioreaktor eingeleitet und bei 30 °C im Umlauf durch den Reaktor gepumpt. Bei diskontinuierlicher Betriebsweise kann der Bioreaktor auch direkt ohne Pumpe befüllt werden. Die Änderung des CSB-Gehaltes über die Zeit und die korrelierende Biogasbildung sind zu erfassen.
Bei kontinuierlicher Betriebsweise ist nach einer Einfahrphase der CSB-Gehalt in der Vorlage zu bestimmen und nach Erreichen einer definierten Verweilzeit über

mindestens 4 Volumenwechsel die CSB-Konzentration zu bestimmen. Analog zu Versuch 3.9 kann für unterschiedliche Steady states der Abbaugrad und zusätzlich die korrespondierende Biogasmenge erfaßt werden.

Um die Biomasseproduktion mit dieser Versuchsanordnung ebenfalls erfassen zu können, ist ein mehrmonatiger oder gar mehrjähriger Betrieb erforderlich und die Bestimmung der ausgetragenen bzw. auszutragenden Biomasse notwendig.

Aussagen dieser Versuchsanordnung. Mit dem hier vorgestellten Versuchsstand wird eine den realen Bedingungen nahekommende Anaerobbehandlungsanlage fur die Abwasserbehandlung betrieben. Die gemessenen Werte lassen sich somit unter Berücksichtigung der Scale-up-Problematik auf Funktion, Betriebsparameter-Optimierung und Wirtschaftlichkeit auswerten.

4 Mikrobiologische Metallentfernung

4.1 Einführung

Metalle liegen in der Umwelt in konzentrierter Form oder als Verunreinigung in geringerer Konzentration vor. Während im ersteren Fall eine Gewinnung von Metallen aus solchen Lagerstätten ansteht, sind im zweiten Fall eher umweltrelevante Fragestellungen vorrangig. Dabei lassen sich wiederum zwei Fälle unterscheiden. In Feststoffen festgelegte Metalle können über die Nahrungskette bis zu hoch-toxischen Konzentrationen angereichert oder über das Grundwasser in das Trink-wasser gelangen. In Wässern gelöste Metalle können wiederum in Feststoffe gelangen und so in einen Schadstoffkreislauf eingeschleust werden. In der Umwelttechnik stellt sich nun die Frage:
Wie können Metalle aus Feststoffen, wie aus Wässern entfernt werden?
Für beide Fälle gibt es mikrobiologische Lösungsansätze. Die Zellwand vieler Bakterien und Pilze ist in der Lage, in wässrigen Medien gelöste Metalle adsorptiv (extrazelluläre Biosorption) oder kumulativ (intrazelluläre Bioakkumulation) anzureichern. Entfernt man die Biomasse aus dem Wasser, so wird ein schwermetallarmes Wasser erzeugt. Die entstandene Biomasse muß auf eine Sondermülldeponie verbracht oder verbrannt werden.
In Böden und Gesteinen anzutreffende Metalle liegen vorwiegend als schwerlösliche Verbindungen vor. Es sind überwiegend Metallsulfide, Metallhydroxide und Metalloxide. Spezielle Mikroorganismen sind in der Lage, die Metallverbindungen durch Redox-Reaktionen in lösliche Produkte umzuwandeln. Werden diese mit Wasser aus dem Feststoffmaterial ausgewaschen, findet eine Metalllaugung (Bio-Leaching) statt. Bei der Oxidation des Sulfidschwefels zum Sulfat entstehen derart niedrige pH-Werte, daß die Metalle durch rein chemische Mechanismen in Lösung gehen. Somit sind auch durch mikrobielle Reaktionen nicht laugbare Metallverbindungen zu lösen. Anwendung dieser Prozesse führen zur Kupfergewinnung aus Armerzgesteinen u.a. in Kanada und den USA.

4.2 Biosorption von Metallen

Die Biosorption von löslichen Metallverbindungen ist nicht abhängig vom physiologischen Zustand der Mikroorganismen, sondern hängt von der Organismenoberfläche ab. Es spielt also keine Rolle, ob die Organismen lebensfähig oder tot sind. Die Metallionen werden an der Oberfläche adsorptiv gebunden und verbleiben mit einer recht stabilen Bindung an der Biomasse haften. Die Bioakkumulation ist dagegen ein aktiver Prozeß, der lebensfähige und stoffwechselaktive Mikroorganismen voraussetzt. Im der nachfolgend beschriebenen Versuchsskizze soll in einer sehr einfachen Versuchsanordnung der qualitative und quantitative Effekt der Biosorption erfaßt werden.

Materialbeschaffung. Als Biomasse können frischer Klärschlamm einer Belebungsanlage oder beliebig vorgezüchtete Mikroorganismen eingesetzt werden. Ist allein der biossorptive Anteil der Metallbindung zu erfassen, ist die zuvor eingedickte Biomasse (vorsichtiges Eindicken im Brut- oder Trockenschrank) zu autoklavieren oder abzukochen.
Als Abwasser ist ein Modellsystem mit einer leicht nachweisbaren Schwermetallverbindung zu empfehlen. Dazu ist beispielsweise eine physiologische Kochsalzlösung (Biosorption) oder eine Nährsalzlösung mit Zucker als C-Quelle (Bioakkumulation) und einem Eisen- oder Kupfersalz geeignet.

Versuchstand. Ein einfacher gerührter oder geschüttelter Kolben reicht vollkommen zur Durchführung des Versuches aus. Es kann natürlich auch ein beliebiger Bioreaktor eingesetzt werden. Wichtig ist, daß das Versuchssystem das Wasser und die Organismen in guten Kontakt miteinander bringt.

Versuchsdurchführung. Der Kolben wird mit Modellabwasser, das eine deutliche Konzentration an Schwermetallionen aufweist (g/l - Bereich), versetzt. Dazu ist die Biomasse zu geben. Der Schlamm sollte einen recht hohen Feststoffanteil aufweisen, aber noch gut fließfähig sein, damit er sich schnell und gleichmäßig im Kolben verteilt. In einer Massenkonzentration von ca. 10 % Schlamm im Wasser wird das System ca. 1 Stunde lang geschüttelt. Da die Ausgangskonzentration der Metalle durch definierte Zugabe bekannt ist, braucht nur am Ende dieses einfachen Versuches die Metallkonzentration im filtrierten (0,2 µm-Filter) Wasser bestimmt werden. Setzt man die entfernte Metallmenge mit der TS der Biomasse in Vergleich, erhält man ein Maß für die Biosorption für das vorgelegte Metall und die eingestellte Ausgangskonzentration.

Aussagen der Versuchsanordnung. Mit den hier ermittelten Daten läßt sich zunächst nur festzustellen, daß ein Metall mit einer meßbaren Konzentration an Biomasse zu binden und damit aus Wasser zu entfernen ist. Im Vergleich mehrerer Versuche mit unterschiedlichen Ausgangskonzentrationen an Schwermetallen oder unterschiedlicher Biomassemenge können die Abhängigkeiten von der Konzentration beider Reaktionspartner erfaßt und für technische Prozesse optimiert werden.

Erweiterung oder Abänderung des Versuches. Entnimmt man in sehr kurzen Zeitabständen Proben beim o.a. Versuchsaufbau, so läßt sich die Adsorptionskinetik erfassen und die optimale Verweilzeit ermitteln. Besonders wirkungsvoll ist es, ein mit mehreren unterschiedlichen Metallen beaufschlagtes System mit unterschiedlichen Biomassen zu versetzten und selektive Phänomene der Metalladsorption sichtbar zu machen. Dies setzt jedoch ein geeignes Analysenverfahren zur Konzentrationsermittlung der Metalle voraus.

4.3 Laugung von Metallen

Bakterien der Spezies *Thiobacillus* sind befähigt, aus der Oxidation von Eisen (*Thiobacillus ferrooxidans*) oder Schwefel (*Thiobacillus thiooxidans*) Energie zu gewinnen und CO_2 als Kohlenstoffquelle zu nutzen. Diese chemolithoautotrophen Mikroorganismen können aus schwefelhaltigen Quellen oder eisensulfithaltigen Feststoffen (Pyrit enthaltene Erde oder Kohle) angereichert werden. Die bei der Aktivität durch *Thiobacilli* direkt oder indirekt entstehende Schwefelsäure kann derart niedrige pH-Werte (< 1) erzeugen, daß nahezu alle schwerlöslichen Metallsalze in lösliche Produkte umgewandelt und mit dem Wasser abtransportiert werden.
Die im Wasser gelösten Metalle lassen sich nun durch pH-Shift in alkalische Bereiche wiederum als schwerlösliche Produkte ausfällen und in hoch konzentrierter Form gewinnen.
Ziel des hier vorgesehenen Versuches ist es, *Thiobacilli* zu vermehren oder aus sulfidhaltigem oder schwefelsaurem Probenmaterial *Thiobacillus thiooxidans* und *Thiobacillus ferrooxidans* anzureichern und in einfacher Standkultur die pH-Wert-Entwicklung zu erfassen.

Beschaffung von Probenmaterial mit *Thiobacilli*. Da die Anreicherung von *Thiobacillus*-Arten recht langwierig ist, sollten entsprechende Stämme aus Stammsammlungen (z. B. DSM, Deutsche Stammsammlung für Mikroorganismen, Göttingen) käuflich erworben oder aus Instituten, die mit *Thiobacilli* arbeiten, kostenlos beschafft werden. Ist dies nicht möglich, so lassen sich *Thiobacillus*-Arten aus schwefelhaltigen Boden- und Wasserproben anreichern.

Stammhaltung von *Thiobacillus thiooxidans*. Als Medium zur Anreicherung und Stammhaltung von *Thiobacillus thiooxidans* wird bei Drews nachfolgendes Medium angegeben.
Das Medium wird zunächst ohne Zugabe von Schwefelblüte oder Natriumsulfid autoklaviert und der pH-Wert eingestellt. Da *Thiobacillus thiooxidans* auch sehr niedrige pH-Werte toleriert, kann mit nicht sterilisiertem Medium bei pH < 3 gearbeitet werden. Der Schwefel wird nach pH-Wert-Einstellung zugegeben. Während der nur sehr schwer benetzbare Schwefel zunächst an der Oberfläche verbleibt, löst sich das Sulfid vollständig in der Lösung.

Schwefelblüte	10,0 g/l
oder $Na_2S_2O_3$	5,0 g/l
$(NH_4)_2SO_4$	0,3 g/l
KH_2PO_4	3,0 g/l
$MgSO_4 \cdot 7 H_2O$	0,5 g/l
$CaCl_2$	0,25 g/l
Spurenelementlsg.	10 ml
Aqua dest. ad	1000 ml

pH-Wert 5

Stammhaltung von *Thiobacillus ferrooxidans*. Zur Anreicherung und Stammhaltung von Thiobacillus ferrooxidans haben sich zwei Medien als geeignet erwiesen.

Medium nach Leathen:

$(NH_4)_2SO_4$	0,15 g
$MgSO_4 \cdot 7 H_2O$	0,5 g
K_2HPO_4	0,05 g
KCl	0,05 g
$Ca(NO_3)_2$	0,01 g
Aqua dest.	1000 ml
pH 3,5	

Als Energiequelle werden 1 ml einer 10%igen $FeSO_4$-Lösung zu 100 ml Medium gegeben.

9K-Medium:

$(NH_4)_2SO_4$	3,0..g
KCl	0,1 g
K_2HPO_4	0,5 g
$MgSO_4 \cdot 7 H_2O$	0,5 g
$Ca(NO_3)_2 \cdot 4 H_2O$	0,01.g

Die Salze werden in 900 ml Aqua dest. gelöst und der pH-Wert 2,45 eingestellt.

Eine Eisensulfat-Lösung aus 44,22 g $FeSO_4 \cdot 7 H_2O$ in 100 ml Aqua dest. wird steril filtriert und der Salzlösung zugeführt.

Versuchsdurchführung. In Erlenmeyerkölbchen werden die oben beschrieben Medien mit *Thiobacillus thiooxidans*- bzw. mit *Thiobacillus ferrooxidans*-

Kulturen (Stammhaltung oder Wachstumstest) oder Probenmaterial aus Boden oder Wässern (Anreicherung) beimpft und im Brutschrank bei 20 bis 30 °C stehengelassen. Sind entsprechende Bakterien im Medium aktiv, so zeigt sich dieses, wie bei anderen Wachstums- und Anreicherungsversuchen, durch Trübung des Mediums. Zusätzlich kann der Nachweis auf *Thiobacillus thiooxidans* bei Schwefelblüte als S-Quelle durch das Absinken des Schwefelpulvers auf den Kolbenboden erfolgen. Durch tägliches Messen des pH-Wertes bei einem Ausgangswert von ca. pH 5 lassen sich stammspezifische pH-Wert-Verläufe darstellen.

Aussagen des Versuches. Je nach Versuchsansatz (Stammhaltung oder Anreicherung) kann mit diesem Versuch die Oxidation des Schwefels bzw. des Eisens indirekt durch pH-Wert-Senkung nachgewiesen werden. Je nach Schwefelsäurekonzentration stellt sich ein meist sehr niedriger pH-Wert ein, dem aus Tabellenwerken entsprechende Löslichkeiten von Metallverbindungen zuzuordnen sind. Aus dieser Beziehung lassen sich Laugungsmöglichkeiten unterschiedlicher Metallverbindungen ableiten.

Erweiterung oder Abänderung des Versuches. Bei geeigneter Analytik kann der Nachweis der Metallaugung durch Bestimmung der Metallkomponente im Wasser nachgewiesen werden. Dazu kommt der im obrigen Versuch angereicherte *Thiobacillus*-Stamm zum Einsatz. Als Apparatur sind besonders Feststoffsäulen mit metallhaltigen laugbaren Verbindungen geeignet (z. B. pyrithaltige Kohle, Armerzgestein).

5 Toxizitätsuntersuchungen mit mikrobiellen Indikatoren

5.1 Einführung

Die weite Verbreitung von Schadstoffen in Boden, Wasser und Luft kann nur unzureichend mit chemisch-analytischen Methoden erfaßt werden. Die Vielzahl möglicher Einzelstoffe und Stoffklassen sowie deren stark schwankenden Konzentrationen würden einen apparativen Aufwand erfordern, der nicht zu rechtfertigen ist. Da daher nur Stoffe gefunden werden, nach denen gezielt gesucht wird, müssen bei pessimistischer Sichtweise alle Stoffe, nach denen nicht gesucht wurde, als potentiell vorhanden angesehen werden. Selbst wenn alle als Schadstoffe zu charakterisierenden Chemikalien erfaßt würden, wäre keine genaue Aussage zur Toxizität möglich, da selbst bei bekannter Wirkung des Einzelstoffes die Schadwirkung des Stoffgemisches nicht abzuleiten ist.
Um trotzdem Aussagen zum toxischen Potential bekannter und unbekannter Schadstoffgemische zu erhalten, kommen biologische Systeme als Prüfobjekte zum Einsatz. Hier sollen nur die mikrobiologischen Objekte Berücksichtigung finden. Prinzipiell sind jedoch Bakterien, Pilze, niedere und höhere Pflanzen sowie niedere und höhere Tiere, bis hin zum Menschen, Prüfsysteme für die toxische Wirkung von Chemikalien und Chemikaliengemischen. Während Mikroorganismen, Pflanzen (z.B. Kressetest) und Tiere (Wasserfloh, Regenwurm, Fisch) direkt mit Schadstoffen beaufschlagt werden, kommen entsprechende Daten für die Erkrankung von Menschen durch Schadstoffe mittels epidemiologischer Untersuchungen in schadstoffbelasteten Gebieten zustande.
Es lassen sich mit Toxizitätsuntersuchungen an Mikroorganismen und niederen Mehrzellern natürlich keine direkten Rückschlüsse auf das humantoxische Potential herleiten, toxische Wirkungen auf die untersuchten Systeme geben aber

direkt Auskunft über das ökotoxische Potential der Giftstoffe. Allein die Hemmung mikrobieller Stoffwechselaktivitäten sollte aber Anlaß dazu geben, etwas genauer das Gefährdungspotential schadstoffbelasteter Böden oder Gewässer zu untersuchen.

Eine wichtige Funktion einfacher Toxizitätstests ist die Erfolgskontrolle von Reinigungs- bzw. Sanierungsmaßnahmen geworden. Hierbei wird der Vergleich der toxischen Wirkung unbehandelter und behandelter Medien auf das gleiche Testsystem als zusätzlicher Parameter zur chemischen Stoffanalyse benutzt. Selbst die zeitliche Abhängigkeit der Veränderung der toxischen Wirkung ist mit einfachen Testmethoden möglich. Der Vergleich der Abbaukinetik mit der Detoxikationskinetik kann als sinnvolle Diskussionsbasis für die "Grenzwertdebatte" angesehen werden.

5.2 Biolumineszenztest

Die Natur hat Lebewesen hervorgebracht, die in der Lage sind, einen Teil ihrer Stoffwechselenergie in Lichtenergie umzuwandeln. Die bekanntesten sind das Glühwürmchen (*Photinus pyralis*) und das Leuchtbakterium *vibrio fischeri* (*Photobacterium phosphoreum*). Über eine energieverbrauchende Reaktion wird Luciferin (LH2) durch das Enzym Luciferase (E) zu einem Adenylat (LH2-AMP) als Zwischenprodukt umgewandelt, das nun seinerseits bei Vorhandensein von Sauerstoff oxidiert und zur Lichtproduktion führt. Die benötigte Energie wird durch ATP (Adenosin-tri-phosphat) angeliefert und bei der Abspaltung von zwei Phosphatgruppen als anorganisches Pyrophophat (PPi) unter Bildung des Luciferin-adenylates auf das Luciferin übertragen.

$$LH2 + E + ATP \rightarrow E*LH2\text{-}AMP * PPi$$

$$E*LH2\text{-}AMP + O2 \rightarrow Licht + AMP + LH2 + E$$

Bei Überschuß aller Reaktionspartner in einem Testsystem ist die Lichtmenge damit direkt abhängig von der ATP-Konzentration des Testorganismus. Schadstoffe hemmen den Stoffwechsel und damit die ATP-Produktion. Somit gibt es eine direkte Verbindung zwischen Schadstoffgehalt und Lichtintensität. Diese stöchiometrische Abhängigkeit der in einem Lichtmengenmeßgerät leicht zu erfassenden Lichtemission von der ATP-Konzentratiomn haben dieses Prinzip zu einem weit verbreiteten ATP-Betimmungstest gemacht.

Für wässrige Medien wurde dieses Meßverfahren trotz aufwendiger Stammhaltung zur Erfassung der Toxizität schon länger angewendet. Die heute sehr einfache Handhabung durch industriell hergestellte mikrobiologische Testsysteme als Test-Kits haben zu einer DIN 38412 - Teil 34 bzw. Teil 341 geführt, und die Anwendung auf Bodeneluate wurde durch die DECHEMA empfohlen.

Bei der Bewertung dieses Testsystems ist zu berücksichtigen, daß *Vibrio fischeri* ein marines Bakterium ist. Um die Testorganismen in Süßwasser oder Bodeneluaten zu aktivieren, sind diese durch Zugabe von NaCl stark aufzusalzen. Damit wird ein deutlicher Eingriff in das zu untersuchende Medium erforderlich.

Beschaffung der Leuchtbakterien. Zur Durchführung des Versuches ist das Vorhandensein eines Luminometers zur Erfassung der Lichtmenge erforderlich. Hersteller dieser Geräte vertreiben auch die Leuchtbakterien als standardisierte Konserven. Die Bakterien müssen nach Vorschrift der Packungsbeilage aktiviert werden, bevor sie für den Test eingesetzt werden können. Liegen Erfahrungen und eine Stammsammlung von Leuchtbakterien bereits vor, können natürlich die eigenen Stämme zur Toxizitätsbestimmung benutzt werden.

Versuchsdurchführung. Aus mit 20 g/l NaCl aufgesalzten Wasserproben oder Bodeneluate werden nach Vorschrift des Test-Kit-Herstellers Verdünnungsreihen erstellt.

Die Testsuspension wird als Doppel- oder Mehrfachansatz in Meßküvetten (0,5 ml) gefüllt und bei 15 °C für 15 Minuten stehengelassen. Nach dieser Angleichzeit wird die Leuchtintensität als I0-Wert der einzelnen Testsuspensionen im Luminometer gemessen.

Unmittelbar darauf werden die Testsuspensionen mit dem Probenmaterial bis auf 1,0 ml aufgefüllt und durch Schütteln in der Hand vermischt. Nach einer Inkubationszeit von 30 Minuten wird erneut die Lichtintensität als I30 gemessen. Für jede Verdünnungsstufe ist die Hemmwirkung als GL-Wert zu berechnen. Dies ist der kleinste Wert des Verdünnungsfaktors G, in dessen Testansatz die Lichtemission weniger als 20 % gehemmt ist.

Aussagen des Bioluminszenztestes. Je höher die Verdünnungsstufe ist, bei der noch eine Hemmwirkung festgestellt wird, desto toxischer ist das Ausgangsmaterial. Der Test ist recht empfindlich und führt schnell zu "falsch positiven" Ergebnissen, also zu einem "toxischen Effekt", der mit anderen Methoden nicht ermittelt werden kann oder gar nicht vorhanden ist. Damit ist festzustellen, daß der Leuchtbakterientest nicht als einzige Methode zur Ermittlung des Toxizitätspotentials von wässrigen Proben geeignet ist. Als Ergänzung zur chemischen Analyse und anderen Toxizitätstests ist er wegen der guten Handhabung und der inzwischen weiten Verbreitung anzuraten.

5.3 *Pseudomonas*-Wachstumshemmtest

Zu Prüfung der Toxizität von Wässern oder wasserlöslicher Chemikalien kommt eine Bestimmungsmethode zum Einsatz, bei der das in der Natur weit verbreitete Bakterium, *Pseudomonas putida*, als Testorganismus benutzt wird. Als Kriterium wird das Wachstum herangezogen. Die Methode ist standardisiert und in der DIN 38412 Teil 8 (Verfahren DIN 38412 - L8) der DEV festgeschrieben.

Beschaffung der Bakterien. Das Testbakterium *Pseudomonas putida* MIGULA, Stamm Berlin 33/2 ist unter der Bezeichnung DSM 50026 bei der Deutschen Stammsammlung von Mikroorganismen als aktive Reinkultur oder Lyophilisat zu beziehen und in einer Laborstammkultur als aktive Reinkultur zu halten. Zur Sicherung der genetischen Eigenschaften des Testorganismus sollte bei häufiger Anwendung halbjährlich eine frische Kultur aus der DSM beschafft werden.

Vorkultur. Zunächst ist aus der Stammkultur eine Vorkultur zu erstellen. Dazu werden je 25 ml der in Tabelle 1 angegebenen Nährlösungen I und II sowie 50 ml der Lösung IV in ein steriles Gefäß mit 900 ml sterilem Wasser gegeben und vermischt. Davon werden unter möglichst sterilen Bedingungen 90 ml in sterile 250 ml-Erlenmeyerkolben umgefüllt, mit Material aus der Stammkultur beimpft und für ca. 7 Stunden (Erreichen der log-Phase) auf einer Schüttelmaschine bei 20 - 22 °C inkubiert. Die Beimpfung ist so durchzuführen, daß nach der Inkubation durch Verdünnung eine Trübung von TE/F = 50 (TE/F bedeutet Trübungseinheiten Formazin nach DIN 38404 Teil 2) bei 436 nm erreicht wird.

Tabelle 1 : Zusammensetzung der Nährlösungen und des Wachstumsmediums

Nährstoff	Lösung I	Lösung II	Lösung III	Lösung IV	Nährmedium für Stammkultur
$NaNO_3$	10000	10000			50 ml Lösung I
K_2HPO_4	2400	2400			125 ml Lösung III
KH_2PO_4	1200	1200			100 ml Lösung IV
Hefeextrakt	1000				15 - 18 g Agar
Glukose			44000		auf 1000 ml mit
$MgSO_4 * 7 H_2O$				4000	sterilem H_2O
Eisencitrat				10	auffüllen

Tabelle 2 : Volumina der Testansätze

Verdünnungs-folge (f=2)	Verdünnungs-wasser (ml)	Testgut (ml)	Lösungen II III IV	Inokulum	Endvolumen
0	80	0	je 2,5 ml	je 10 ml	je 100 ml
2	30	50			
4	55	25			
8	67,5	12,5			
16	73,7	6,3			
32	76,9	3,1			

Testkultur. Aus dem Testgut ist eine Verdünnungsreihe in Zweierschritten mit sterilem Verdünnungswasser (Lösung II) zu erstellen. Es werden 100 ml Testlösung in 250 ml-Erlenmeyerkolben für den Test benötigt. Nährmedien und Verdünnungsansätze werden wie in Tabelle 2 angegeben zusammengestellt und bei 20 - 21 °C für 15 - 17 Stunden aus der Schüttelmaschine inkubiert.

Die Testansätze sind so auszuwählen, daß bei der Bemessung der geringsten Verdünnungstufe (kann bei Wasserproben die Ausgangsprobe ohne Verdünnung sein) mindestens 50 % Hemmwirkung, in der höchsten Verdünnungsstufe keine Hemmwirkung festgestellt werden kann. Es sollte zudem eine mindestens drei Parallelansätze umfassende Messung erfolgen. Dabei wird gegen einen unbeimpften Testansatz die Trübung als Extinktion gemessen und in TE/F umgerechnet.

Die Ergebnisse werden, wie in Tabelle 3 aufgezeigt, tabellarisch festgehalten und die Hemmwirkung H nach der Gleichung berechnet:

$$H = \frac{B_K - B_n}{B_K - B_0} \cdot 100$$

mit

H   Hemmwirkung der Zellvermehrung (%)
B_K Biomasse (Trübungsmeßwert) nach Ablauf der Testzeit unbeimpften Kontrollansatz
B_n Biomasse nach Ablauf der Testzeit für die n-te Konzentratiom im Testgut
B_0 Biomasse im Kontrollansatz zum Zeitpunkt t_0

Tabelle 3 : Beispiel für eine Meßwertauswertung

Verdünnungs-folge (f=2)	Massenkonzentration im Testgut (mg/l)	Meßwerte in TE/F (436 nm)			Mittelwerte TE/F
2	80	28	26	27	22
4	40	75	78	78	77
8	20	167	173	158	166
16	10	348	362	355	355
32	5	524	528	511	521
64	2,5	572	568	552	564

Die ermittelten H-Werte für die einzelnen Verdünnungsstufen sind in ein Diagramm einzuzeichnen, bei der die Verdünnungsstufen linear aus der x-Achse, die Hemmwirkung H logarithmisch auf der y-Achse aufgetragen (halblogarithmisches Papier verwenden) und die Meßpunkte durch eine Gerade verbunden werden. Durch die Schittlinien bei 10 % Hemmwirkung und 50 % Hemmwirkung lassen sich durch Übertragung auf die x-Achse die Werte für die effektiven Konzentrationen (EC-Werte) EC 10 und EC 50 grafisch ermitteln. Die Angabe erfolgt als

EC 10 (16 h) = x mg/l
EC 50 (16 h) = z mg/l

Literaturverzeichnis

Allgemeine Mikrobiologie

Mikrobiologie des Wassers
Grahneis, H. und Münch H.-D. (Hrsg.)
Akademie-Verlag Berlin
1984

Allgemeine Mikrobiologie
Schlegel, H.G.
6. Auflage, Georg Thieme Verlag, Stuttgart - New York
ISBN 3-13-444606-5
1985

Umweltmikrobiologie

Mikrobiologische Materialzerstörung und Materialschutz
Behren, D. (Hrsg.)
DECHEMA, Frankfurt/Main
ISBN 3-926959-12-6
1989

Mikrobiologiesche Reinigung von Böden
Behrens, D. (Hrsg.)
DECHEMA, Frankfurt/Main
ISBN 3-926959-29-0
1992

Umwelt-Mikrobiologie:
Mikrobiologie des Umweltschutzes und der Umweltgestaltung
Fritsche, W.
Akademie-Verlag Berlin
1985

Mikrobiologie und Umweltschutz
Küster, E. (Hrsg.)
Wissenschaftliche Buchgesellschaft Darmstadt
ISBN 3-534-08292-3
1985

Biotechnologie/Bioverfahrenstechnik

Umwelt-Bioverfahrenstechnik
Kunz, P.
Friedr. Vieweg & Sohn Verlagsgesellschaft mbH, Braunschweig; Wiesbaden
ISBN 3-528-06451-X
1992

Verfahrenstechnik in der Biotechnologie
Jackson, A. T.
Springer Verlag, Berlin - Heidelberg - New York
ISBN 3-540-56190-0

Mikrobiologische Methoden

Methodenhandbuch Bodenmikrobiologie
Aktivitäten, Biomasse, Differenzierung
Alef, K.
ecomed
ISBN 3-609-65960-2
1991

Einführung in die Praktische Mikrobiologie
Mikrobiologische Arbeitsmethoden und Versuche
Birkenbeil, H.
Verlag Moritz Dieserweg, Otto Salle Verlag, Frankfurt/Main - Berlin - München
Verlag Sauerländer, Aarau - Frankfurt/Main - Salzburg
ISBN 3-425-05613-1 (Diesterweg/Salle)
ISBN 3-7941-2183-X (Sauerländer)
1983

Mikrobiologisches Praktikum für Naturwissenschaftler
Drews, G.
4. Aufl., Springer Verlag, Berlin - Heidelberg - New York - Tokyo
ISBN 3-540-11836-5
1983

Labormethoden zur Beurteilung der biologischen Bodensanierung
Klein, J. (Hrsg.)
DECHEMA, Frankfurt/Main
ISBN 3-926 959-73-1
1992

Mikrobiologie
Kluge, S. und Menzel, G.
2. Aufl., Volk und Wissen Volkseigener Verlag, Berlin
1982

Biologische Testmethoden für Böden
Kreysa, G. und Wiesner, J. (Hrsg.)
DECHEMA, Frankfurt/Main
ISBN 3-926959-66-5
1995

Mikrobiologisches Praktikum
Schröder, H.
2. Aufl., Volk und Wissen Volkseigener Verlag, Berlin
1977

Biochemisch-Mikrobiologisches Praktikum
Süßmuth, R., Eberspächer, J., Haag, R. und Springer, W.
Georg Thieme Verlag, Stuttgart - New York
ISBN 3-13-685901-4
1987

Deutsche Einheitsverfahren zur Wasser-, Abwasser- und Schlammuntersuchung

DIN 38 409 Teil 41
Summarische Wirkungs- und Stoffkenngrößen (Gruppe H)
Bestimmung des Chemischen Sauerstoffbedarfs (CSB) im Bereich über 15 mg/l

DIN 38 409 Teil 43
Summarische Wirkungs- und Stoffkenngrößen (Gruppe H)
Bestimmung des Chemischen Sauerstoffbedarfs (CSB) Kurzzeitverfahren

DIN 38 409 Teil 44
Summarische Wirkungs- und Stoffkenngrößen (Gruppe H)
Bestimmung des Chemischen Sauerstoffbedarfs (CSB) im Bereich 5 bis 50 mg/l

DIN 38 409 Teil 16
Summarische Wirkungs- und Stoffkenngrößen (Gruppe H)
Bestimmung des Phenol-Index

DIN 38 412 Teil 8
Testverfahren mit Wasserorganismen (Gruppe L)
Bestimmung der Hemmwirkung von Wasserinhaltsstoffen auf Bakterien
seudomonas-Zellvermehrungs-Hemmtest (L8)

Deutsches Institut für Normung e.V. Berlin

OECD Guidelines for Testing of Chemicals

A 303
Simulation Test - Aerobic Sewage Treatment: Coupled Unit Test
12. May 1981

Sachregister

Abbaubarkeit	
mikrobielle	150f
Abbaugrad	87
Abbaupotential	73,88
Abbausequenz	88
Abbauspektrum	87
Abfallbehandlung	
anaerobe	154
Abflämmen	32,41,43
Abkochen	28
Abkürzungen	55
Abluftfilter	111
Absetzbehälter	25
Abwasser	
Beschaffung	110
reales	107
Abwasserbehandlung	
kontinuierliche	128
Abwasserbehandlungs-anlage	25
nach OECD-Vorgabe	129
Abwasserreinigung	
anaerobe	157
Abzug	5
Acridinorange-Methode	65
Adaptation	60,75
adsorbierbare halogenierte Kohlenwasserstoffe	109
aerob	52
Agar-Agar	47
Agar-	
Medien	48,67
-oberfläche	66,69,74
Platten	49,53,89
Agenzien	
biologische	11
chemische	11
Aktivkohle	111
Algen	102
Alkoholverbot	12
Allergie	12
Altlasten	137
Alu(minium)-Kappen	40,70
Amoeben	128
anaerob	51
Anaerobreaktor	153ff
Anaerobtesteinheit	157
Analytik	
chemische	17
Anreicherung	59,**73ff**
Anreicherungszusätze	61
antropogen	75
AOX	109
Arbeiten	
fachfremde	11
steriles	67
Arbeitsgeräte	13
Arbeitssicherheit	3
Atmungsaktivität	144
Atmungsintensität	146
ATP	166f
ATP-Bestimmungstest	166
Aufziehen	56
Augendusche	9
Ausglühen	32
Ausspateln	43,69,84
Ausstrich	
einfacher	67f
Vereinzelungs-	68
Ausstrichtechnik	53
Auswaschpunkt	120
Auswaschung	114
autochthon	75
Autoklav	4,**28ff**
Autoklavieren	48,49
Autoklavierzeit	28,48

Bakterien	102,122	Brandschutztür	10
Batch-Kultur	91	Brandverletzungen	30
Bebrütung	54,69	Brutraum	31
Bebrütungszeit	53	Brutschrank	31,56
Bedingungen		BSB	108
aerob	53	Bürker-Türk-Kammer	104
steril	63,66	Bunsenbrenner	**32f**
Bedienungsfehler	11	Bypass	130
Begasungssysteme	22,24		
Behandlungswasser	139	C-Quelle	87
Beimpfen	48	Charge	116
von Agarplatten	55	Chemikalien	
von Flüssigkulturen	55,67	agressive	10,21
Belebungsbecken	113	explosive	32
Benzo(a)pyren	61	gesundheitsgefähr-	
Beschriftung	41,49, **54ff**	dende	6,11,12
		giftige	7
Betriebsweise		Lagerung von	4,5
kontinuierlich	116	leicht entzündliche	32
Bypass-	130	wärmeempfindliche	31
Bewuchs	56	Chemikalienschrank	4
biochemischer Sauer-		Chemostat	113
stoffbedarf	108	Chromat	37
Bioakkumulation	160ff	Chromosom	102
Biofilm	129	Clean bench	6,33
Biogas	154ff	CO_2-Bildung	81
Biogasgewinnung	147	COD	34
biogen	75	CSB	**34ff**,108, 111
Bio-Leaching	160		
Biolumineszenztest	166	-Meßplatz	37f
Biomasse		CSB-BSB-Verhältnis	108
-bestimmung	27,**85**	Cyanide	62
-separation	27		
-entwicklung	99,111, 126	Dampfdruck	31
		Datenblätter	11,12
Bioreaktor	21,**22**	DECHEMA	144
Bioreaktor-Ersatz	25	Deckgläschen	63f,66
Bioreaktorsysteme	116ff,124	DEV-Vorschrift	34,94,168
Biosorption	160ff	Diauxie	103
Biotenside	138	Diesel-Agarplatte	85
Blasensäulen-Reaktor	105	Differenzierung	53,64
Black Box	108	DOC	109
Blendensystem	15	Drehtisch	43
Böden	137ff	Druckfilterapparat	67
sandige	138	Düngestoffe	147
schluffig-tonige	143		
Bodenatmung	81,**144ff**	EC	170
Bodenluft-Absauganlage	5	Eindicker	129
Bodensäule	139	Einfahren	119,130
Borosilikatglas	157	Einweghandschuhe	10
Bouillon	58	Einweisung	

sachgerechte	11	-küvette	17
Einzelzellen	64,74	-geräte	**40f**
Eisen	162	-gefäße	40,53
Energiegewinnung	88	-petrischalen	41
Entsorgungsbehälter	9	-spatel	69
Enzymsysteme	102f	Glukose	60,102, 124
induzierbare	102		
konstitutive	102	Glukosemedium	104
EOX	109	Gramfärbung	64
Erlenmeyerkolben	40,47,52	Großschüttler	19
Erste-Hilfe-Ausrüstung	9,10	Grundwasser	137
Eukarioten	102	Gummihandschuhe	10
Extinktion	17f		
extrahierbare halogenierte Kohlenwasserstoffe	109	Hausmüll	147
		Hefen	59,102ff, 122ff
Färbemethoden	64	Hefeextrakt	58
Feinschluff	142	Heißflamme	32
Fermenter	22	Herstellen	
Fernbachkolben	52	steriler Medien	54
Fertigprodukt	47,58	von Agarmedien	48
Feststoffgehalt	81	von Agarplatten	49
Feuchtgewicht	81,**85**	von Medien	21
Feuerlöscher	9,10	von Reinkulturen	69
Filtration	66,81	von Schrägagar-Röhrchen	50
Flagellaten	128		
Flocken	64	von Schüttelkulturen	53
Flüssigmedien	47,52	Hitze	
Flüssigkeitsoberfläche	52	feuchte	28,30,43, 66
Flüssigkeitsvermischung	21		
Flüssigpräparat	66	trockene	30,43,66
Fluchtwege	10	Hitzefixierung	64
Fotometer	13, **16f**	humantoxisch	165
Füllgrad	53	hydrolisieren	60
		Hygienisierung	148
Gase			
gefährliche	9	Imhofftrichter	132
leichtentzündliche	9	Immersionsöl	65f
Gasproduktion	156	Impfmaterial	55,67
Gassicherheitsventil	32	Impfnadel	42
Gefriertrocknung	57	Impföse	42,56,67
Gen	102	Impfstrich	68
Generationszeit	92	Indikatoren	
Geräte		mikrobielle	165
elektro-mechanische	44	Inokulum	56
mechanische	18	Inokulumskultur	119,123
optische	13	Intensivrotte	148
thermische	28	Isermeyer-Methode	145
Gesamtlebendkeimzahl	84	Isolierung	74
Gesetzgeber	73	ISV	132
Glas	40		

Kälteeinwirkung	31
Kahmhaut	52
Kaliumdichromat	35f
KBE	84
Keime	
gesundheitsgefährdende	6,11
keimfrei	43
Keimgehalt	65
Kittel	10
Klärschlamm	153
Kleingeräte	42f
Klimahauben	20
Klima-Schüttelmaschine	20
Köhlern	65
Kochsalzlösung	
physiologische	56,67
sterile	69
Kohlenstoff	58
Kohlenstoffquelle	60
Kolben	
beimpfte	56
Stand-	67
Schüttel-	67
Kolonie	69,74
Koloniebildende Einheit	84
Koloniebildung	73
Kometabolismus	88
Komplexmedien	47,**58**
Komponenten	
wachstumsfördernde	61
Kompost	141
Kompostierbarkeit	150
Kompostierung	147
Kondensor	
Phasenkontrast-	15
Konservierung	54
Kontamination	56,66
Kontrast	15
Konzentartion	
effektive	170
toxische	61
Kühlraum	31
Kühlschrank	31,67
Kultur	
Anlegen von	**55**
auf Agar-Nährmedien	53
Ausgangs-	70
Batch-	91
Bebrüten von	55
Flüssig-	55
Inokulums-	118,124
kontinuierliche	114f, 116ff,122ff
mikrobiologische	54
Mikroorganismen-	31
Misch-	68,102
-Röhrchen	40,69
beimpfte	55
Rein-	69,74
Schrägagar-	70
Schüttel-	40
Stand-	31,40,**51f**
Sub-	74
Übernacht-	103
vorgezüchtete	67
Kulturmethoden	**51ff**
Kunststoffgefäße	53
Labor(atorium)	
Essen, Trinken, Rauchen in	12
längeres Verlassen des	12
mikrobiologisches	9
-geräte	10
-schüttler	19
sicheres Verhalten im	10
Sicherheitsrisiken im	11
-Sicherheitsventil	33
Laborleiter	10
Laborordnung	**10f**
Lagern	
im Kühlschrank	56
in Flüssigstickstoff	57
von Kulturen	55
von Medien	55
von Petrischalen	56
Laminar-flow-Anlage	6
Langzeitlagerung	57
Lebendkeimzahl	69
Leuchtbakterien	166f
Lichtintensität	17f,166f
Limitierungen	93
Linse	
Kondensor-	14
Objektiv-	14
Okular-	14
Linsenkombination	14
Linsenpapier	66
Löschdecke	9,10
Luciferase	166

Luciferin	166
Luftkeime	68
Magnetrührer	21
Malz	55
Malzextrakt	60
Malzmedium	60
Manipulation genetische	73
Materialzerstörung mikrobielle	150
Matrix	27
Medien	**58ff**
beimpfte	54
Flüssig-	51
Glukose-	104
hitzelabile	66
kohlenstofffreie	73
Komplex	47,59
Mineral-	60
Malz-	60
R2A-	59
Standard I	58
sterilisierte	29,56
stickstofffreie	73
synthetische	47,**60f**
-zusätze	66
Merkaptane	148
Meßgeräte chemisch-physikalische	34
Metalle	160ff
Metallaugung	160ff
Methanbildung	153
Methylenblaufärbung	64
Mikroflora	75
Mikroorganismen	3
acidophile	74
alkalophile	74
anaerobe	52
chemolitho-autotrophe	162
Gefährdungspotential durch	3
halophile	74
heterotrophe	61
mesophile	74
pathogene	3
phenolabbauende	76,124
psychrophile	74
thermophile	74,148
Mikroskop	**13**
Mikroskopie	

Durchlicht-	13
Phasenkontrast-	13,15
Mikroskopieren	65
Mineralien	58,61
Mineralmedien	60
Mineralöl	61
Mineralöl-Kohlenwasserstoffe	85,88
Minimalkonzentration	93
Mischkultur	67,74,102
undefinierte	74
definierte	104
MKW	85
MKW-Gehalt	138
Modellabwasser	
Lagerung von	116,122
phenolhaltig	91
Zweikomponenten-	101,121
Nährmedien	47
Nährsalzlösung	61
Notausgang	10
Notdusche	9
Notfallplan	10
O_2-Verbrauch	81
Objekt	14
mikrobiologisches	15
-träger	14,63f,66
Objektiv	64
Phasenkontrast-	15
OECD	130f
ökotoxisch	166
OTS	154
Oxidation	34
PAK	61
PC-Medium	59
Penicillinkolben	93
Pepton	58
tierisch	58
pflanzlich	58
Petrischalen	49,53,67
beimpfte	56
Einweg	49
Glas-	41
Kunststoff-	41
Pflanzen	102
pH-	
Bereich	48
Elektrode	34

Indikatorpapier	34	-verfahren	141
Meter	**34**	Versäuerungs-	153
Wert	34	Redox-Reaktionen	160
Phenole	60f,	Reinkultur	6,67f,74, 77,89
Phenol-Anilinblau-Methode	65	Kultivierung von	50
Phenolkonzentration	94,105, 125	Reinraumwerkbank	6
		Reinstoff	87
Phenol-Index	94ff	Respirometer	146
Photobacterium phosphoreum	166	Rest-CSB	109,113
		Reziprokschüttler	18
Phosphate	58	Ringchromosom	102
Photinus pyralis	166	Rohasche	155
Photosynthese	102	Rollreaktor	142ff
Piezo-Zündung	33	Rotor	27f
Pilze		Rotteverfahren	141
fädige	54,59	Rührfisch	21
Pipette	40	Rührkessel-Fermenter	22
Pasteur-	41	Rührsysteme	22
Plasmid	102	Ruheflamme	32
Plate-Count-Medium	59	Rundküvettenhalter	17
Präparat		Rundschüttler	18
zur Mikroskopie	63		
Flüssig-	63	*Sacchromyces cerevisiae*	103,124
Praktikant	10	Sättigungskonstante	114
Proben	55	Säurefestigkeitsfärbung	64
-behandlung	76,82	Salzsäure	47
Beschriftung von	**54**	Sanierung	
sterile	43	mikrobiologische	137f
größere	43	in situ-	137
-nahme	76,82	Sauerstoffabwesenheit	52
Probenmaterial	73	Sauerstoffeintrag	18,24,40
Prokarioten	102	Saugfiltereinheit	65
Protozoen	128	Sauerstoffversorgung	52
Pseudomonas	103ff, 124,167f	Schadstoffabbau	62
		Schadstoffe	
Pseudomonas putida	167f	flüssige	48
Pyrit	162	konzentrierte	48
		leicht entgasende	21,31
Quantifizierung	53,79	autoklavierte	52
Quecksilber	37	Scherkräfte	22
		Schikanen	40
RA	155	Schlammindex	132
Raum-Zeit-Belastung	120	Schlammrückführung	129
Reagenzgläser	40	Schlammvolumen	80
Reaktor		Schlamm-Volumen-Index	132
Airlift-	22ff	Schleime	79
Blasensäulen-	22ff,**105f**	Schrägagar-Kultur	69,77
Festbett-	22ff	Schrägagar-Röhrchen	**50f**,89
Methanisierungs-	153	Schraubverschlüsse	40
Rührkessel-Bio-	93	Schüttelfrequenz	53

Schüttelkolben	18
Schüttelkultur	53f,89
Schüttelmaschine	18,53
Schutzausrüstung	
persönliche	10
Schutzbrille	10,12
Schutzhandschuhe	12
Schwangerschaft	12
Schwefel	162ff
Schwefelwasserstoff	148
Schwermetalle	62
Schwitzwasser	56
Selektionsprozeß	75
Sicherheitsbeauftragter	9,12
Sicherheitseinrichtungen	11
Sicherheitsschlauch	32
Siranglas	157
Separierung	74
Siedeverzug	30
Siedlungswasserwesen	108
Spatel	41
Drigalski-	41f,56
Spateltechnik	53
Spezies	74
Spurenstoffe	58,62
Stammlösung	62
Stammhaltung	56
Standard I	**55,58**
Standkultur	**52f**,141
standorteigen	75
Staubmaske	10
Steady state	114
Steilbrustflasche	25,47
Stereolupe	13
steril	6 ff
Sterilfiltration	65
Sterilisation	54
Stickstoff	58
Stoffe	
anorganische	58
karzinogene	55
organische	58
oxidierbare	34
toxische	55
Stoffabbau	91
Stoffgemische	165
Stofftransport	18
Stoffwechsel	
anaerober	153
Stoffwechselaktivität	73
Stoffwechselpotential	73

Strahlengang	14
Strömungen	
laminar	21
turbulent	21ff
Subkultur	74,77
Substanzen	
schwerlösliche	21
Substratkonzentration	114
Summenparameter	34,108
Suspension	63
Tauchtropfkörper	129
TASI	147
TC	39
TE	168
Technische Anleitung	
Siedlungsabfall	147
Teilungsrate	91
Teilungszyklus	91
Thermo-Schüttler	21
Thoma-Kammer	104
Thiobacillus	
ferrooxidans	162ff
thiooxidans	162ff
TIC	39
Tiefenschärfe	15
TOC	**38f**,109, 110
-Analysator	39
-Meßgerät	38
-Wert	38
Ton	142
Toxizitätskonzentration	61
Toxizitätsuntersuchung	165
TS	155
Trinkwasser	137
Trockengewicht	85
Trockenmasse	81,**85**,99
Trockenschrank	30
Trockensubstanz	
organische	154f
Tropfkörper	129
Trübung	53,56
Trübungseinheit	168
Trübungsmessung	**17**
Trübungszunahme	73
ubiquitär	102
Überdruck	28
Überimpfung	56
Überlebensfähigkeit	73

Übernachtkultur	104
Überschußschlamm	129
Umwelteinflüsse	74
Unfallgefahr	12
Verbrennungen	30
Verbrennungsanlagen	147
Verbrühungen	29
Verdünnungsrate	114f
Verdünnungsreihe	69
Vereinzelung	53,59,74, 77
Vereinzelungsausstrich	68
Vergrößerung	14
Vermehrung	53,59
Verunreinigung	74
Vibrio fischeri	166f
Vibromischer	26,63,69
Vitamine	58
Vitaminlösung	**62**,66
Vollmedien	58
Vorkultur	54f
Waage	**43f**
Analysen-	43
Fein-	43
Grob-	44
Wachstum	
Bakterien-	106
Hefe-	106
mikrobielles	58
exponentielles	92
Wachstumskonstante	93

Wachstumsoptimum	74
Wachstumsrate	92f
spezifische	113
maximale	122
Wasser	
destilliert	47
entionisiert	47
Wasserbadschüttler	19
Wasserdampf	28
Wasserhaltekapazität	141,**144f**
Wasserverlust	30
Wattestopfen	40
Wendemiete	141
WHK	145
Wuchsstoffe	58
Xenobiotika	87
Zählkammer	65
Zellentwicklung	91
Zellkonglomerate	64
Zellmasse	113
Zellstoff-Stopfen	52
Zellvermehrung	58
Zellzahlbestimmung	59,**79ff**, 99
Zentrifugation	81
Zentrifuge	27
Ziliaten	128
Zuckerkonzentration	105
Zuschlagmaterialien	141

MIX
Papier aus verantwortungsvollen Quellen
Paper from responsible sources
FSC® C105338

If you have any concerns about our products,
you can contact us on
ProductSafety@springernature.com

In case Publisher is established outside the EU,
the EU authorized representative is:
**Springer Nature Customer Service Center GmbH
Europaplatz 3, 69115 Heidelberg, Germany**

Printed by Libri Plureos GmbH
in Hamburg, Germany